Salsebil Bel Hadj Ali

Cartografia da evolução hidromorfológica e das zonas de risco

Salsebil Bel Hadj Ali

Cartografia da evolução hidromorfológica e das zonas de risco

Contribuição da teledetecção e da modelação hidráulica

ScienciaScripts

Conteúdo

Agradecimentos

No final deste trabalho, gostaria de expressar os meus sinceros agradecimentos às pessoas que me ajudaram e contribuíram para a elaboração deste relatório e para o sucesso destes grandes anos académicos.

Gostaria de agradecer sinceramente à Dra. Fatma Trabelsi Bouchendira, que, como minha orientadora, esteve sempre atenta e muito disponível ao longo da realização deste trabalho, bem como pela inspiração, pela ajuda e pelo tempo que se dispôs a dedicar-me e sem o qual esta tese nunca teria visto a luz.

Gostaria também de agradecer ao Professor Mohamed Raouf Mahjoub, Director-Geral da Escola Superior de Engenheiros de Equipamento Rural Medjez Elbab (ESIER), pela sua generosidade e grande paciência, apesar das suas responsabilidades académicas e profissionais. Gostaria de expressar a minha gratidão a todos os consultores e internautas que encontrei durante a minha investigação e que aceitaram gentilmente responder às minhas perguntas e, em particular, ao Professor Christophe Zander, Professor de Ciências Sociais no Instituto de Trabalho Social da Borgonha (IRTESS).

Os meus sinceros agradecimentos vão também para o Coronel Lamine Aouni do Centro Nacional de Detecção Remota e Cartografia

Gostaria de expressar a minha gratidão à minha tia Moni, que me apoiou durante os meus estudos universitários. Não esqueço o Yasser e a Lina pelo seu apoio e paciência.

Por último, gostaria de expressar os meus sinceros agradecimentos a toda a minha família e amigos.

Resumo

O problema dos riscos naturais em geral e das inundações em particular é uma questão actual que está a ter um impacto memorável no mundo e especificamente na Tunísia, especialmente tendo em conta as últimas grandes inundações catastróficas do Medjerda. Com efeito, a gestão deste risco torna-se cada vez mais uma necessidade que deve incluir todos os actores e todos os meios disponíveis.

Neste trabalho, o mapeamento das zonas de inundação do vale médio de Medjerda foi apresentado através da combinação de diferentes abordagens complementares de detecção remota acoplada a SIG e modelação hidráulica (HEC RAS) e (HEC Geo RAS).

O processamento e interpretação de imagens de satélite Landsat 8 TM em diferentes datas de aquisição (2003, 2009 e 2011), permitiu-nos dispor de um modelo digital de terreno de alta resolução, de um mapa de uso do solo em diferentes datas e de um mapa hidrográfico morfológico. Assim, foram realizadas simulações de três cenários de inundação com três caudais para diferentes períodos de retorno de 5, 50 e 100 anos.

A combinação de todos estes resultados permitiu-nos elaborar a carta de risco de inundação. Esta carta parece ser um dos meios mais eficazes para uma gestão eficiente; pode servir como documento de base para as autoridades públicas definirem as regras gerais que contribuem para uma melhor gestão do espaço urbano, constituindo simultaneamente um meio de informação da população sobre os riscos de inundação e um instrumento de organização para os decisores, cabendo-lhes a escolha final da estratégia de luta contra o risco de inundação.

Finalmente, foi criada uma importante base de dados descritiva e espacial que nos permitiu construir um SIG - inundações do vale médio de Medjerda que pode ser utilizado como instrumento de tomada de decisões para as autoridades.

Introdução geral

As inundações são o risco natural número um a nível mundial. Nas últimas décadas, os danos causados pelas inundações têm sido particularmente destrutivos. A extensão destes danos é principalmente atribuível à urbanização e industrialização passadas nas planícies aluviais (Torterotot, 1993), que resultaram num aumento da vulnerabilidade dos bens e das pessoas. Os riscos muito elevados associados às inundações explicam os esforços que estão a ser feitos actualmente para analisar e compreender este fenómeno, a fim de reduzir o risco.

A detecção remota, graças à sua visão sinóptica, permite estudar vastas áreas geográficas e constitui uma ferramenta poderosa para o estudo da evolução das condições do solo. O tratamento dos dados de satélite tornou-se essencial para a avaliação dos recursos naturais e a cartografia das condições de superfície, daí a sua utilização neste estudo.

O estudo da evolução do estado do solo e da sua utilização é de interesse para a abordagem dos problemas ambientais em geral. É necessário determinar a natureza e o modo de intervenção das comunidades humanas que alteram os padrões globais de utilização dos solos em função da evolução das necessidades. A investigação e a análise da utilização e da ocupação do solo constituem uma base de informação necessária para o planeador, o promotor,...

É neste quadro que se insere o presente estudo, centrado na cartografia das zonas de risco de inundação no vale médio de Medjerda (Sidi Salem_Lâaroussia) através da interpretação de imagens de satélite e da modelação hidráulica. Os objectivos deste trabalho são :

- O estudo da evolução morfológica do wadi de Medjerda entre Sidi Salem e Lâaroussia

através da elaboração de um mapa hidromorfológico.

- A elaboração da carta de ocupação do solo

- Elaboração da carta de risco de inundação através de modelização

Hidráulica que conduzirá à determinação das extensões de inundação e dos seus impactos

- A elaboração do mapa de riscos de inundação que permitirá avaliar

riscos para os bens e as pessoas na zona de estudo.

Para atingir estes objectivos, a presente síntese está estruturada em três partes:

Parte I. Inundações, detecção remota e a área de estudo.

Chapitre I. Fenómeno de inundação.

Chapitre II. Teoria da detecção remota.

Parte I. Inundações, detecção remota e a área de estudo.

Capítulo I: Fenómeno das inundações

Introdução

Na Tunísia, o fenómeno das inundações é antigo. Ao longo da história, o número de vezes que as regiões foram afectadas pode ser contado às dezenas. Os acontecimentos mais bem descritos e mais conhecidos, a maior parte dos quais ainda são recordados, são os registados desde o início do século passado e, sobretudo, a partir da década de 1950. As inundações de 1969 (todo o país, especialmente o centro e o norte), 1973 (Medjerda médio e baixo), 1982 (Sfax), 1990 (região de Sidi Bouzid), 1995 (Tataouine), 2003 (Grande Tunes), 2007 (Sabbalet Ben Ammar), 2009 (Redayef)... são episódios que deixarão a sua marca nos registos hidrológicos do país durante muito tempo.

Estarão os extremos de precipitação a tornar-se cada vez mais recorrentes, o que explicaria os grandes danos causados pelas inundações nas últimas cinco ou seis décadas? Esta é uma pergunta difícil de responder, sobretudo porque, na maioria dos casos, não dispomos de registos suficientemente longos para detectar qualquer quebra de estacionariedade nas séries de precipitação. Tendo em conta a incerteza científica que paira sobre a questão das alterações climáticas em geral, e especialmente sobre o seu impacto nas tendências da precipitação, um elemento parece, no entanto, certo: as alterações hidrológicas inerentes à urbanização excessiva e às várias acções de desenvolvimento, por vezes imprudentes, estão constantemente a aumentar a vulnerabilidade das nossas cidades e zonas ao risco de inundações.

I. Definição do fenómeno de inundação

De acordo com a definição dada no ficheiro de informação "Inundações" (MEDD-PRIM):

"Inundação é a submersão, rápida ou lenta, de uma área normalmente fora de água".

Do mesmo ficheiro:

"No sentido mais lato, as inundações incluem transbordamentos de rios, subida de águas subterrâneas, escoamento de chuvas fortes, inundações devidas à falha de estruturas de protecção e inundações estuarinas resultantes de uma combinação de marés altas, situações de baixa pressão e inundações fluviais.

As inundações podem ocorrer por uma série de razões, incluindo

(a) . **Transbordamento de um rio**: o rio abandona o seu leito e transborda para o leito do rio principal (inundações lentas nas planícies, torrenciais nas montanhas).

(b) . **Escoamento** : Na sequência de chuvas intensas, a água escorre e concentra-se rapidamente no curso de água, provocando inundações torrenciais. Este fenómeno está ligado à incapacidade do solo para infiltrar as águas pluviais (escoamento rural acompanhado de lama ou escoamento urbano).

(c) . Subida do **lençol freático** : Após um ou mais anos de chuva, a água sobe através do lençol freático aflorante, produzindo inundações espontâneas. Este fenómeno afecta particularmente os terrenos baixos ou mal drenados.

(d) . **Inundações marinhas**: situação especial das zonas costeiras

No âmbito deste trabalho, limitamo-nos ao caso das inundações que têm origem no transbordo de um curso de água. Este caso é o mais frequente na Tunísia.

De facto, o principal elemento na origem de uma cheia de planície é a queda de precipitação significativa na bacia hidrográfica.

1. A bacia hidrográfica e a génese das inundações :

A bacia hidrográfica, ou área de captação, é o elemento chave em qualquer estudo hidrológico associado à topografia de uma determinada região. É definida como uma porção da superfície terrestre na qual os declives topográficos transportam todo o escoamento que nela ocorre para um único ponto de saída. O escoamento de uma bacia hidrográfica é o ponto mais a jusante do sistema fluvial através do qual passa toda a água que escorre da bacia. Numa bacia hidrográfica, a topografia, ou conjunto de declives, define o trajecto do escoamento e a organização do sistema de drenagem, que depende do abastecimento de água. Para o efeito, o conjunto de cursos de água, permanentes ou temporários, que participam no escoamento linear da superfície topográfica representa a rede hidrológica, que é uma das características mais importantes da bacia hidrográfica e que pode assumir uma multiplicidade de formas. A diversidade do sistema hídrico de uma bacia hidrográfica deve-se a quatro factores principais: declive, geologia, clima e presença humana (Xiaomin Che et *al.*, 2004)

Esquematicamente, durante uma chuva intensa, uma parte da água infiltra-se no solo, a restante escorre pelas encostas e é assim transportada para o curso de água. Quando uma quantidade muito grande de água chega ao rio, este transborda do seu leito "habitual" (ou leito menor), dando assim origem ao fenómeno das inundações.

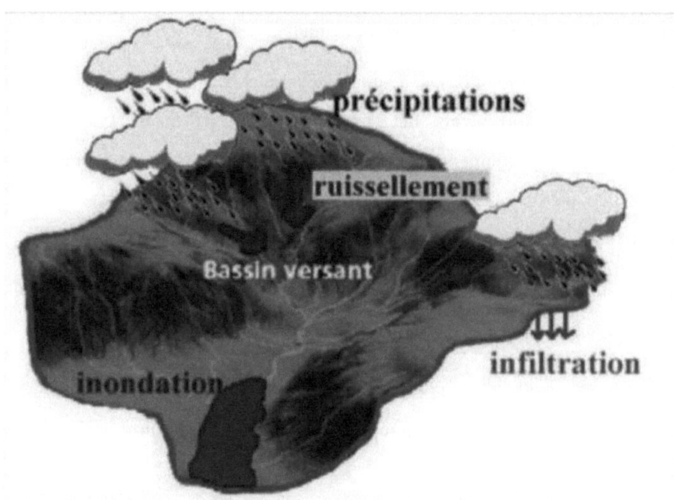

Figura 1. A génese do fenómeno das cheias (transbordo do rio). (Hostache, 2006)

2.   A planície aluvial :

O termo "planície aluvial" refere-se geralmente às zonas baixas do fundo do vale, constituídas por depósitos aluviais resultantes da inundação do rio. Em termos de escoamento, a planície aluvial é frequentemente dividida em três zonas: o leito menor, o leito médio e o leito maior do rio. O leito menor corresponde à zona de escoamento do rio sem transbordamento. O leito médio corresponde à zona de escoamento das cheias com uma frequência relativamente baixa. O leito maior contém todas as áreas da planície em que o rio é susceptível de fluir e transbordar.

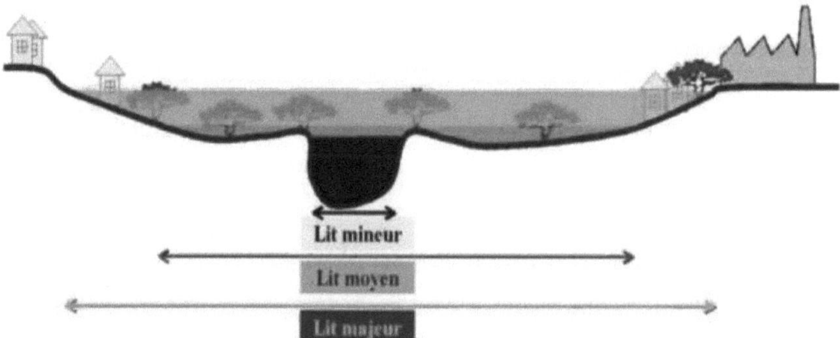

Figura 2. A planície aluvial. (Hostache, 2006)

II.   Risco de inundação: perigos, questões e impactos:

A definição habitual dada ao risco natural é a seguinte:

(Risco) = (perigo) x (problema)

O risco é, portanto, o confronto entre um perigo (fenómeno natural perigoso) e uma área geográfica onde existem problemas humanos, económicos ou ambientais.

1. Perigo

O perigo é um fenómeno físico, natural e incontrolável de ocorrência e intensidade determinadas. Deve ser definido por uma intensidade (porquê e como?), uma ocorrência espacial (onde?) e uma ocorrência temporal (quando?, duração?).

J A intensidade reflecte a importância de um fenómeno (Dauphiné, 2001). Pode ser medida (altura da água numa inundação, magnitude de um terramoto) ou estimada (duração da submersão, velocidade de deslocação).

A probabilidade de ocorrência espacial é condicionada por factores de predisposição ou susceptibilidade (por exemplo, geológicos). A extensão espacial do perigo é mais difícil de estimar (por exemplo, avalanche ou movimento de terras).

J A probabilidade temporal de ocorrência depende de factores desencadeantes naturais ou de origem humana. Pode ser estimada qualitativamente (negligenciável, baixa, elevada) ou quantitativamente (período de retorno de 10 anos, 30 anos, 100 anos).

A duração do fenómeno também deve ser tida em conta (duração considerada para a precipitação). É frequentemente necessário elaborar um quadro de dupla entrada para caracterizar o risco (intensidade, duração).

2. Questões :

A noção de risco integra pessoas, bens e actividades susceptíveis de serem afectados pelo perigo. As consequências do perigo sobre as questões podem ser benéficas (recarga de águas subterrâneas, fornecimento de sedimentos às terras agrícolas) ou prejudiciais (destruição de habitats, morte de pessoas, corte de vias de comunicação).

3. Risco de inundação :

O risco representa a probabilidade de danos materiais e económicos, ferimentos e/ou morte associados à ocorrência de um perigo natural (Ancey, 2005). Depende de um fenómeno natural que obedece a uma lei de probabilidade, e dos riscos expostos em relação aos recursos disponíveis para os enfrentar (Torterotot, 1993).

A caracterização dos riscos é uma questão delicada. A sua aplicação numa bacia hidrográfica consiste na modelização hidrológica (caudal-duração-frequência), associada à modelização hidráulica e do uso do solo para produzir uma representação cartográfica do risco.

Além disso, a cartografia da extensão das inundações é apenas uma exploração parcial das imagens de satélite. De facto, como demonstrado por alguns trabalhos (Horritt, 2000; Smith, 1997), as imagens de satélite de inundações são ricas em informações, para além dos mapas de inundações, que podem ser muito úteis para a gestão das inundações e, em particular, para a modelação hidráulica. Por exemplo, uma caracterização tridimensional fina, associada à modelação hidráulica, permitiria uma exploração mais completa das imagens de satélite.

Um aumento do risco de inundação numa planície aluvial pode dever-se a um aumento do número de pessoas afectadas ou a um aumento do perigo. Por exemplo, a urbanização é frequentemente responsável por um aumento do risco por duas razões:

• A construção de casas na planície aluvial aumenta os riscos.

• A construção de edifícios, parques de estacionamento, estradas, etc., torna parte da bacia hidrográfica mais impermeável e conduz a um aumento do escoamento superficial, a um aumento do caudal de ponta e a uma redução do tempo de concentração, o que resulta num aumento do perigo e numa redução do tempo disponível para o enfrentar.

1.1 impactos das inundações :

a. Impactos no habitat :

Os impactos no habitat incluem todos os aspectos do edifício e do seu conteúdo, bem como das pessoas que nele vivem. Estes danos são frequentemente divididos em duas categorias:

• danos tangíveis: que podem ser avaliados em termos financeiros (impactos na estrutura de suporte de carga, nos acabamentos, no mobiliário, ...)

• danos intangíveis: que não podem ser quantificados em termos financeiros, como os impactos nas pessoas.

Estas duas categorias de danos dividem-se, por sua vez, em :

• danos directos: causados pelo contacto físico com a água,

• danos consequentes: devidos a uma paragem temporária das actividades quotidianas em consequência da inundação.

b. Impactos na morfologia da bacia hidrográfica:

Os principais parâmetros de inundação dos quais dependem os danos na estrutura são :

• **nível da água**: o nível da água exerce uma pressão estática ou dinâmica que pode danificar a camada superficial do solo.

*   **a velocidade da corrente**: à pressão hidrostática deve ser acrescentada uma pressão hidrodinâmica devida à velocidade da corrente. As velocidades elevadas podem provocar a erosão e a escavação do solo.

*   **a duração da imersão**: quanto mais tempo durar o alagamento, mais a água sobe por acção capilar, provocando a degradação dos materiais por inchaço e hidrólise.

*   **corpos flutuantes**: Este tipo de inundação pode ser acompanhado de fluxos de lama. Os detritos e a velocidade com que chegam dependem das condições particulares do curso de água e do ambiente que pode provocar o estreitamento do leito do wadi.

III. Modelação das inundações

Uma inundação não pode ser descrita a partir de um único ponto de observação ou num determinado momento porque é um fenómeno variável no espaço e no tempo. As observações hidrológicas clássicas são pontuais e, portanto, localizadas.

De facto, o modelo hidráulico unidimensional HEC-RAS será utilizado neste estudo. Este modelo dispõe de um conjunto de possibilidades computacionais para a elaboração da linha de água. Este modelo calcula os perfis da linha de água de uma secção transversal para outra, resolvendo a seguinte equação energética:

$$\frac{U^2}{2g}\alpha + z + h = \frac{U'^2}{2g}\alpha' + z' + h' + J$$

Em que: h e h': calado nas secções 1 e 2.

z e z': dimensão do fundo do canal principal.

U e U': velocidade média do escoamento.

α e α': coeficientes de ponderação da velocidade.

J: queda de pressão entre as duas secções 1 e 2.

De facto, o procedimento de cálculo da linha de água utilizado pelo software HEC-RAS é iterativo, sendo os passos principais :

4. Partir do nível da água na secção de partida a montante (ou a jusante).

5. Determinar o caudal total e a energia correspondente da sobreposição considerada.

6. Calcule a perda de carga média com os valores do passo anterior.

7.   Resolver a equação de Bernouilli para determinar a linha de costa da massa de água.

8.   Compare o valor calculado com o valor assumido no primeiro passo e repita estes passos até que os valores estejam de acordo com uma tolerância definida pelo utilizador (Manual do utilizador do HEC-RAS).

Conclusão

Dada a incerteza científica em torno da questão das alterações climáticas em geral e, em particular, do seu impacto nas tendências da precipitação, uma coisa é certa: as alterações hidrológicas inerentes à urbanização excessiva e às várias acções de desenvolvimento, por vezes imprudentes, estão constantemente a aumentar a vulnerabilidade das nossas cidades e zonas ao risco de inundações.

Capítulo II: Teoria da teledetecção

Este capítulo tem por objectivo descrever e explicar os princípios gerais das técnicas de teledetecção passiva óptica e por radar. O seu objectivo é facilitar a compreensão dos capítulos seguintes, nos quais serão utilizadas imagens de satélite. Em relação ao problema das inundações, este capítulo será orientado para a detecção de água em imagens de satélite.

Introdução

A detecção remota ou teledetecção combina ciência, tecnologia e arte para adquirir informações sobre o espaço terrestre sem contacto directo. Os dados são imagens adquiridas por um sensor a bordo de um veículo. O sensor regista as radiações electromagnéticas provenientes da superfície terrestre. As imagens são representações fiéis e instantâneas de porções do espaço terrestre vistas de cima, o que por si só representa uma visão original. A visão vertical foi construída intelectualmente muito antes de a tecnologia a poder oferecer, como o demonstram a gravação de planos cadastrais em placas de argila que datam de vários séculos antes da nossa era, as representações verticais pintadas de cidades ou as representações de senhorios. Estas construções intelectuais testemunham a procura, por parte do homem, de se apropriar de um espaço: apreendê-lo, compreendê-lo e desenvolvê-lo.

Mais precisamente e de forma sucinta, a teledetecção é o "conjunto de conhecimentos e técnicas que permitem determinar as características físicas e biológicas dos objectos através de medições efectuadas à distância, sem contacto físico com eles". (Comissão interministerial de terminologia da teledetecção aeroespacial, *1988*). Trata-se da "observação, análise, interpretação e gestão do ambiente a partir de medições e imagens obtidas por plataformas aéreas, espaciais, terrestres ou marítimas" (Bonn & Rochon, 1992).

1- História

A história do desenvolvimento das técnicas de teledetecção pode ser dividida em cinco períodos principais:

- A história da teledetecção começou em 1858, quando *Gaspard Félix Tournachon*, conhecido como *Nadar* (1820-1910), tirou a primeira fotografia aérea a partir de um aeróstato sobre o bairro Kremlin Bicêtre de Paris.

- Desde a Primeira Guerra Mundial até ao final dos anos 50, a fotografia aérea tornou-se um instrumento operacional para a cartografia, a investigação petrolífera e o controlo da vegetação. A aviação, as máquinas fotográficas e as emulsões (a cores, infravermelhos a preto e branco, infravermelhos de falsa cor) registaram progressos contínuos. Os métodos de foto-interpretação foram especificados e codificados.

\- O período de 1957 a 1972 marcou o início da exploração espacial e preparou o caminho para a actual detecção remota. O lançamento dos primeiros satélites, seguido de naves espaciais tripuladas com câmaras a bordo, revelou o interesse pela detecção remota a partir do espaço. Ao mesmo tempo, foram desenvolvidos e aperfeiçoados radiómetros de imagem, bem como os primeiros radares a bordo de aeronaves. A primeira aplicação operacional da teledetecção a partir do espaço surgiu na década de 1960 com a série de satélites meteorológicos ESSA.

\- O lançamento, em 1972, do satélite ERTS (mais tarde rebaptizado Landsat 1), o primeiro satélite de teledetecção dos recursos terrestres, marcou o início da era da teledetecção moderna. O desenvolvimento constante dos sensores e dos métodos de tratamento digital dos dados abre cada vez mais o campo das aplicações da teledetecção, tornando-a um instrumento indispensável para a gestão do planeta e, cada vez mais, um instrumento económico.

\- A partir dos anos 70, assiste-se a um desenvolvimento contínuo da teledetecção, marcado nomeadamente pela :

• Aumentar a resolução espacial dos sensores.

• A diversificação dos sensores que utilizam zonas cada vez mais variadas e especializadas do espectro electromagnético. Nos anos 90, assistiu-se a um aumento do número de satélites equipados com sensores activos, nomeadamente radares. No domínio das radiações visíveis e infravermelhas, os sensores de resolução espectral muito elevada são actualmente utilizados na sua versão aérea e estão a aparecer a bordo dos satélites.

• A difusão de dados numa base comercial, prevista desde o lançamento do programa SPOT em 1986, reflecte-se hoje no lançamento de satélites de teledetecção por empresas privadas. Os dados de teledetecção estão a tornar-se objecto de um mercado competitivo. (Claude Kergomard, PEV - modificado)

11- Ferramentas utilizadas na teledetecção

A detecção remota utiliza as propriedades da radiação electromagnética para analisar à distância a superfície da terra, do oceano ou da atmosfera. Um bom conhecimento da física elementar da radiação é essencial para a interpretação dos resultados da detecção remota.

1. Radiação electromagnética :

A radiação electromagnética é uma forma de propagação de energia na natureza, cuja forma mais conhecida é a luz visível, tal como é percebida pelo olho humano. Historicamente, a física especializada no estudo da radiação (óptica) surgiu do estudo da propagação da luz e da sua interacção com os materiais (óptica geométrica). A radiação foi então reconhecida pelos físicos como um fenómeno ondulatório, relacionado com a electricidade e o magnetismo (óptica electromagnética). Esta perspectiva alargou consideravelmente o campo de conhecimentos sobre o espectro das radiações electromagnéticas, muito para além da luz visível. Finalmente, a física moderna demonstrou que a radiação electromagnética também pode ser considerada como uma deslocação de partículas elementares que representam uma quantidade de energia (energia e óptica quântica).

1.1. Ondas electromagnéticas :

Uma onda electromagnética é a vibração simultânea no espaço de um campo eléctrico e de um campo magnético. Uma onda electromagnética é uma onda progressiva e transversal; a direcção da variação dos campos é perpendicular à direcção de propagação (figura 3).

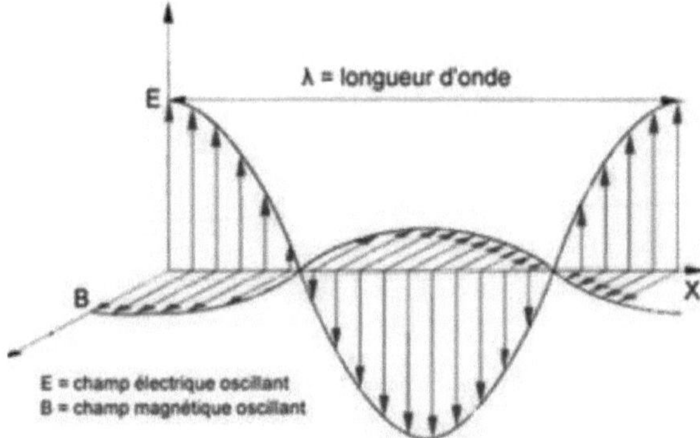

Figura 3. Ondas electromagnéticas.

A onda electromagnética caracteriza-se por :

> **o período T**: é o tempo após o qual o campo eléctrico ou magnético regressa ao seu valor a partir de qualquer ponto no tempo, ou seja, completa um ciclo. A unidade é o segundo.

> **a frequência**, designada pela letra **r**: é o número de ciclos por unidade de tempo.

A unidade de frequência é o Hertz (Hz). Um Hz é equivalente a um ciclo por segundo. As ondas utilizadas na teledetecção caracterizam-se por frequências muito elevadas, medidas em múltiplos de Hz (kHz, MHz ou GHz - gigahertz).

> **o comprimento de onda ou a amplitude λ**: é expresso numa unidade de comprimento, o metro ou os seus submúltiplos, nomeadamente o micron ou o micrometro (μm).

$1\mu m = 10^{-6}$ m e o nanómetro: nm. $1nm = 10$ m^{-9}

Entre o comprimento de onda e a frequência existe a relação clássica: $r^* \lambda = c$

Onde está a velocidade de propagação da radiação no vácuo (velocidade da luz) :

$c = 3*10^8$ m.s^{-1} .

1.2. Radiação e energia :

A troca de energia transportada pelas radiações electromagnéticas entre o Sol e o sistema Terra-oceano-atmosfera não se faz de forma contínua, mas discreta, sob a forma de pacotes de energia, transportados por corpúsculos elementares imateriais, os fotões. Cada fotão transporta assim um quantum de energia proporcional à frequência da onda electromagnética em questão; esta energia é tanto maior quanto mais elevada for a frequência.

A relação seguinte exprime a quantidade de energia associada a um fotão em função da frequência da onda: $E = h\,v$

em que :

- E: a energia da onda electromagnética

- v: a frequência da onda

- h: Constante de Planck (6,625.10-34 J.s).

1.3. O espectro electromagnético :

O espectro electromagnético representa a distribuição das ondas electromagnéticas de acordo com o seu comprimento de onda, frequência ou energia (figura 4).

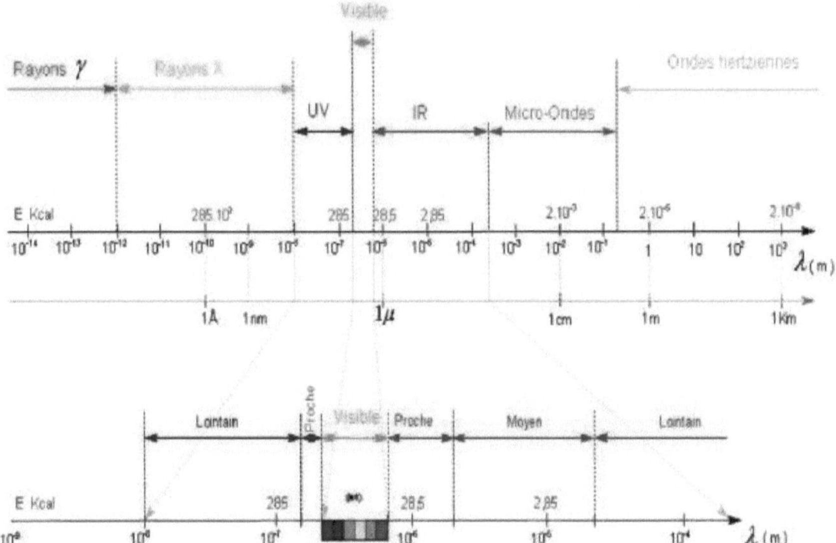

Figura 4. O espectro electromagnético.

Começando pelas ondas mais energéticas, distinguimos sucessivamente :

- **Raios gama** (γ): são devidos à radiação emitida por elementos radioactivos. Os seus comprimentos de onda variam entre um centésimo de bilionésimo (10^{-14} m) e um bilionésimo (10^{-12} m) de milímetro.

- **Raios X:** Radiação muito energética que atravessa mais ou menos facilmente os corpos materiais e é ligeiramente menos nociva do que os raios gama. É utilizada em medicina para os raios X, na indústria (rastreio de bagagens no transporte aéreo) e na investigação para o estudo da matéria (radiação sincrotrão).

Os raios X têm comprimentos de onda entre um bilionésimo (10^{-12} m) e um centésimo de milésimo (10^{-8} m) de milímetro.

- **Ultravioleta:** Radiação que permanece bastante energética, é nociva para a pele. Felizmente para nós, uma grande parte dos raios ultravioletas é detida pelo ozono atmosférico que actua como escudo protector das células. Os seus comprimentos de onda variam entre cem milésimos (10^{-8} m) e quatro décimos de milésimo ($4,10^{-7}$ m) de milímetro.

- **A gama visível:** Corresponde à parte muito estreita do espectro electromagnético perceptível pelos nossos olhos. É na gama visível que a radiação solar atinge o seu máximo (0,5 µm) e é também nesta porção do espectro que podemos distinguir todas as cores do arco-íris, do azul ao vermelho. Vai de quatro décimos de milésimo (4,10^{-7} m) - luz *azul* - a oito décimos de milésimo (8,10^{-7} m) de milímetro - luz *vermelha*.

*   **Infravermelhos:** Radiação emitida por todos os corpos cuja temperatura é superior ao zero absoluto (-273°C).

Na detecção remota, certas bandas espectrais de infravermelhos são utilizadas para medir a temperatura das superfícies terrestres e oceânicas e das nuvens.

A gama de infravermelhos abrange comprimentos de onda de oito décimos de milésimo de milímetro (8,10^{-7} m) a um milímetro (10^{-3} m).

*   **Radar ou microondas:** Esta região do espectro é utilizada para medir a radiação emitida pela superfície terrestre e é semelhante à detecção remota no infravermelho termal, mas também por sensores activos como os sistemas de radar.

Um sensor de radar emite a sua própria radiação electromagnética e, analisando o sinal retrodifundido, pode localizar e identificar objectos e calcular a sua velocidade, caso estejam em movimento. E isto, independentemente das nuvens, do dia ou da noite.

A gama de microondas estende-se desde os comprimentos de onda centimétricos até ao metro.

*   **Ondas de rádio:** Esta gama de comprimentos de onda é a maior do espectro electromagnético e diz respeito às ondas de frequência mais baixa. Vai de comprimentos de onda de alguns centímetros a vários quilómetros. Relativamente fáceis de transmitir e receber, as ondas de rádio são utilizadas para a transmissão de informações (rádio, televisão e telefone). A banda FM para as rádios corresponde a comprimentos de onda da ordem de um metro. Os comprimentos de onda utilizados nos telemóveis são de cerca de 10 cm.

Ao contrário do olho humano, que só é capaz de captar a radiação numa janela muito estreita do espectro electromagnético, a que corresponde à gama visível (comprimentos de onda entre 0),4µηι e 0),7µηι), os sensores dos satélites utilizam uma fracção muito mais ampla do espectro.

Três janelas espectrais são principalmente utilizadas na detecção remota espacial:

9.   O domínio visível

10.   A gama de infravermelhos (infravermelhos próximos, infravermelhos médios e infravermelhos térmicos)

11.   O campo das microondas ou frequências de microondas.

2.   Radiação da atmosfera :

Quando a radiação atravessa a atmosfera, é parcial ou totalmente absorvida ou dispersa pelas moléculas que a constituem. A radiação cede então energia à atmosfera.

É feita uma distinção entre diferentes tipos de dispersão, dependendo do tamanho relativo dos alvos em relação ao comprimento de onda da radiação incidente. Como veremos na próxima secção, a radiação solar no ultravioleta é absorvida na atmosfera superior, pelo que consideramos principalmente a radiação visível:

■ Dispersão de Rayleigh: é a dispersão por moléculas. Tamanho do alvo: 10 nm (nanómetros, 10^{-9} m).

■ A dispersão de Mie refere-se à dispersão por partículas cujo raio oscila entre 0,1 e 10 vezes o comprimento de onda.

■ A dispersão geométrica (não selectiva) ocorre quando o tamanho das partículas alvo é muito grande em comparação com o comprimento de onda.

3. A radiação da matéria :

Quando exposto à radiação de uma fonte externa, o material absorve parte da radiação e converte-a em calor, o resto é reflectido ou transmitido através do corpo.

- **Emissão**: Consoante a sua temperatura, um corpo emite mais ou menos energia, que se distribui por comprimentos de onda que também dependem da sua temperatura. A superfície terrestre a cerca de 15°C (288 K) emite radiações infravermelhas, o Sol (6000 K) emite radiações visíveis.

- **Transmissão e absorção:** Quando a radiação atravessa a atmosfera, uma parte da sua energia é absorvida pelos gases que a constituem (o azoto no ultravioleta e no infravermelho, a água no infravermelho médio e térmico, o CO_2 no infravermelho próximo, etc.).

- **Reflexão:** As ondas que atingem uma superfície são reflectidas. A reflexão especular ocorre em superfícies perfeitamente lisas. A maioria dos objectos na superfície da Terra é rugosa e a reflexão é chamada difusa. A fracção da radiação dispersa que é reflectida de volta para o transmissor é designada por radiação retrodifundida.

Reflectância: A proporção de luz reflectida para um determinado comprimento de onda é designada por reflectância (Reflectância = Energia reflectida / Energia recebida). (Russ, John C. (1995))

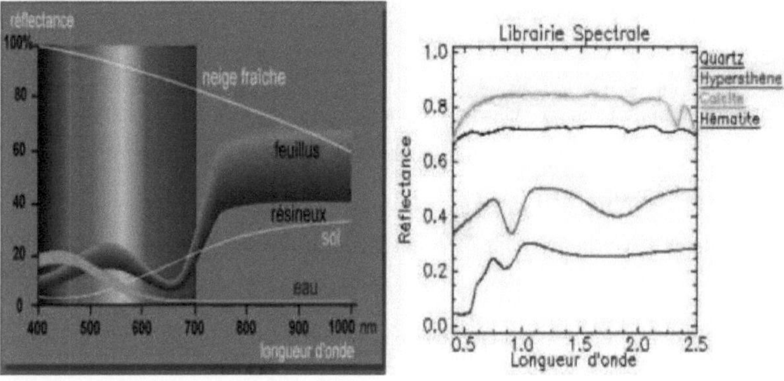

Figura 5: Reflectância das diferentes superfícies e sua caracterização pelos diferentes canais de satélite.

4. Assinaturas espectrais e resposta da água :

Devido às diferentes características de reflexão da radiação solar, os objectos não reflectem a mesma quantidade de energia. A assinatura espectral de um objecto descreve o seu comportamento de reflexão em todo o espectro electromagnético. A priori, cada tipo de objecto tem a sua própria assinatura espectral, que é utilizada na detecção remota para discriminar os objectos. A figura 6 mostra as assinaturas espectrais dos objectos mais comuns na superfície da Terra. Nesta figura, em particular, a água aparece com um comportamento muito diferente dos outros tipos de objectos. De facto, a reflectividade da água limpa diminui globalmente à medida que o comprimento de onda aumenta e tende a anular-se para além da banda espectral vermelha (Bukata et al., 1995). Este comportamento é menos pronunciado para as águas turvas, para as quais a assinatura espectral incorpora igualmente as características de reflexão das partículas em suspensão.

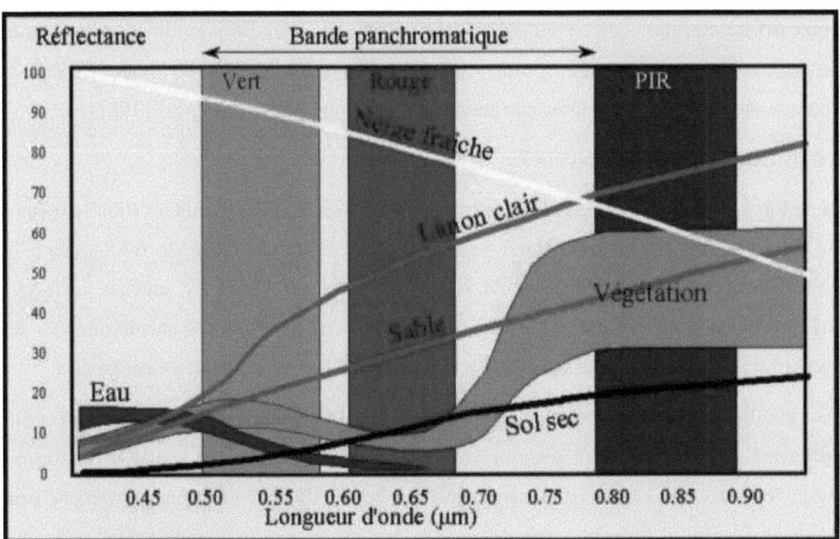

Figura 6. Representação esquemática das assinaturas espectrais dos principais objectos na superfície da Terra - de (Maurel, 2001).

5. Vectores :

Em função da distância ao solo, podem distinguir-se diferentes tipos de vectores: os que operam a poucos metros do solo (gruas, veículos que transportam radiómetros ou câmaras); os que operam entre dez metros e dez quilómetros (aviões, helicópteros e balões); os que operam entre dez e cem quilómetros (balões estratosféricos) e os que operam entre 200 e 40 000 quilómetros (satélites).

12. Satélites de observação da Terra:

Dependendo das aplicações previstas, os satélites de observação da Terra ocupam diferentes órbitas:

J Órbita geoestacionária: Um satélite geoestacionário é colocado numa órbita equatorial (o ângulo entre o plano orbital e o plano equatorial, ou inclinação, é zero) a uma altitude de 35 800 km. Gira à mesma velocidade angular que a Terra. Parece imóvel para um observador terrestre. Só pode observar uma parte da Terra. Os satélites METEOSAT (França), GOES (Geostationary Operational Environmental Satellites, EUA), GMS (Japão) e INSAT (Índia) são geoestacionários.

J Órbita síncrona do Sol Os satélites têm uma órbita circular quase polar (inclinação - 90°) a uma altitude entre 700 e 900 km. O plano orbital é teoricamente fixo e a trajectória (projecção da trajectória do satélite sobre a superfície terrestre) desloca-se num certo ângulo para oeste devido à rotação da Terra. Trata-se de satélites de deslocação que podem observar toda a superfície da Terra. O satélite francês SPOT e o satélite americano LANDSAT operam neste tipo de órbita.

J Qualquer órbita circular: como para os satélites TIROS, NOAA e ERS-1. Limitar-nos-emos à descrição das características do Landsat, uma vez que escolhemos as imagens do satélite Landsat 7 ETM+, porque são uma fonte de informação geomorfológica importante. (Campbell, 1987)

> Características da imagem LANDSAT:

O programa Earth Resources Technological Satellite (ERTS), que utiliza os satélites ERTS- 1, cujo nome foi alterado para LANDSAT (Land Satellite), é da responsabilidade da NASA, com o objectivo de obter imagens multicanais da superfície terrestre. Todos os satélites da série LANDSAT estão sincronizados com o Sol, em órbita sub-polar, com altitudes padrão que vão de 917 (Landsat 1 a 3) a 705 km (Landsat 4 a 7), e passam sobre o mesmo ponto de 16 em 16 dias.

O primeiro satélite, Landsat 1, foi lançado em 1972 e foi seguido por quatro outros (Landsat 2 a 5). Os três primeiros foram da primeira geração, equipados com dois sistemas de aquisição: a câmara digital *RBV (Return Beam Vidicom)* e o sensor multiespectral *MSS (*Multi Spectral *Scanner).* Em 1982, o satélite Landsat 4 foi o primeiro da segunda geração, com uma grande mudança de um sistema de aquisição de 4 para 7 canais e uma resolução de 30 m em comparação com os 80 m anteriores, e a última geração com o Landsat 6, lançado em 5 de Outubro de 1993 e que se despenhou no mar durante o lançamento, e o Landsat 7 lançado com êxito em 15 de Abril de 1999. Ambos estão equipados com novos sensores: o *Thematic Mapper (TM) e o Enhanced Thematic Mapper Plus* (ETM+).

As imagens TM são muito mais exactas do que as MSS devido à sua resolução espacial, espectral e radiométrica, mas também ao maior número de bandas (Quadro 1). O instrumento ETM+ do Landsat 7 tem 8 bandas de frequência (Lillesand et *al.,* 1994).

Tableau 1. Características e aplicações das bandas espectrais do sensor TM.

Tiras	Gama espectral (pm)	Resolução	Aplicação
TM 1	0,45 - 0,52 (azul)	30 m	Discriminação entre solo e vegetação, batimetria/cartografia costeira; identificação de características culturais e urbanas
TM 2	0,52 - 0,60 (verde)	30 m	Cartografia da vegetação verde (medição do pico de reflectância); identificação de características culturais e urbanas
TM 3	0,63 - 0,69 (vermelho)	30 m	Discriminação entre espécies vegetais com e sem folhas; (absorção de clorofila); identificação de traços culturais e urbanos
TM 4	0,76 - 0,90 (próximo do IR)	30 m	Identificação da vegetação e dos tipos de plantas; saúde e conteúdo da massa biológica; delimitação das

			massas de água; humidade do solo
TM 5	1,55- 1,75 (IR de ondas curtas)	30 m	Sensível à humidade no solo e nas plantas; discriminação entre neve e nuvens
TM 6	10,4- 12,5 (IR térmico)	120 m	Discriminação do stress da vegetação e da humidade do solo relacionada com a radiação térmica; cartografia térmica
TM 7	2,08 - 2,35 (IR de ondas curtas)	30 m	Discriminação entre minerais e tipos de rocha; sensível ao teor de humidade na vegetação

Tableau 2. As características das bandas do Landsat 7 ETM+.

Bandas de frequência do instrumento ETM+	Bandas espectrais	Resolução espacial	Comprimento de onda
Banda 1	Azul (visível)	30m	0,45-0,5 pm
Banda 2	Verde (visível)	30m	0,52-0,6 pm
Banda 3	Vermelho (visível)	30m	0,63-0,69 pm
Banda 4	Quase IR	30m	0,75-0,9 pm
Banda 5	Média IR	30m	1,5-1,7 pm
Banda 6/1	IR térmico/distante	60m	10.4-12.5 pm
Banda 6/2		120m	
Banda?	IR médio	30m	14h08 - 14h35
Banda 8	Pancromático (verde-vermelho-IR)	15m	520-900nm

6. Domínios de aplicação da teledetecção :

A teledetecção é aplicada a todas as disciplinas que requerem a compreensão da distribuição espacial de um fenómeno, quer para determinar um estado num dado momento, quer para seguir uma evolução mais ou menos rápida de um fenómeno (Foin, 1985).

O primeiro grande domínio de aplicação da teledetecção foi o estudo da atmosfera (meteorologia e climatologia). O interesse da teledetecção neste domínio é acompanhar a evolução espácio-temporal da cobertura de nuvens, medir a temperatura, o vapor de água e a precipitação...

Em oceanografia e recursos marinhos, a teledetecção oferece a vantagem de permitir uma análise da cor dos oceanos (estimativa da produção biológica, turbidez), e um estudo da dinâmica e das características dos mares e oceanos (temperaturas e altitude da superfície, ondas e ventos, turbidez costeira, etc.), permitindo também a monitorização dos glaciares e icebergues.

As aplicações terrestres da teledetecção são extremamente variadas. Vão desde a agricultura (rendimento das culturas, respostas da vegetação a certos condicionalismos ambientais, ...), a silvicultura (cartografia florestal, estimativa de certas características dendrométricas dos povoamentos florestais, desfoliação e estado sanitário, ...) e a hidrologia (espacialização da intensidade da precipitação, do coberto vegetal, ...), até ao planeamento e desenvolvimento urbano (cartografia da utilização dos solos, ...).), à cartografia regular e temática, à geologia (reconhecimento da natureza petrográfica das superfícies sem cobertura vegetal, acompanhamento da deriva continental, anomalias térmicas ligadas às zonas tectónicas, etc.), à prospecção mineira, à geomorfologia e à estruturação (identificação das redes de falhas e, por conseguinte, determinação das orientações preferenciais das rupturas) e aos riscos naturais (elaboração de "cartas de risco" para certas regiões ameaçadas por ciclones, sismos, vulcões, movimentos de terras, secas, etc.).).

111. Contribuição conjunta da teledetecção e do SIG para os estudos hidrológicos: Enquanto referência no espaço e testemunha no tempo, a informação geográfica de base constitui uma contribuição importante para a informação sobre o ambiente. As técnicas desenvolvidas no domínio dos sistemas de informação geográfica (SIG) e da teledetecção são particularmente pertinentes para o estudo de um território e dos seus recursos. Oferecem a vantagem de considerar um grande número de variáveis diferentes na análise, de modo a abordar uma vasta gama de questões a diferentes escalas espaciais.

Neste estudo, propomos destacar a contribuição informativa do SIG e da detecção remota para a previsão de áreas de risco de inundação.

1 ... Contribuição da teledetecção para a cartografia das inundações :

As imagens de satélite fornecem uma visão objectiva dos campos com grandes áreas espaciais e continuidade ao longo de grandes linhas de água (Ali e Qadir, 1989). Estas imagens são muito úteis e eficazes para determinar as zonas inundadas (Dhakal et *al.*, 2002; Giacomelli et *al.*, 1995). Os trabalhos que exploram imagens de satélite para cartografia estão relativamente presentes na literatura científica.

Em estudos baseados na análise de imagens ópticas, as áreas inundadas estimadas por detecção remota são consistentes com as observações in situ (Rango & Anderson, 1974). No entanto, podem ocorrer erros significativos na estimativa das áreas inundadas quando a resolução é demasiado grosseira em comparação com a dimensão das superfícies de água observadas (Imhoff et al. 1987), quando a água é mascarada por uma sobrecarga (por exemplo, floresta) em grandes áreas, ou na presença de macrófitas flutuantes que aumentam a radiometria da água no infravermelho próximo (Smith, 1997).

As imagens de inundações são também utilizadas para caracterizar o risco e o impacto das inundações (Moussa & Laranier, 2004).

a. Probabilidade teórica de obter imagens de satélite de inundações utilizáveis

Neste contexto, (Joveniaux, 1986) quantificou a probabilidade teórica de obter várias imagens de inundação para vários satélites ópticos. Este estudo indica que os factores que influenciam esta probabilidade são a frequência de revisitação do satélite e a probabilidade da presença de nuvens. O caso das imagens espaciais de radar é ligeiramente diferente porque a qualidade das imagens não é afectada pela cobertura de nuvens. A probabilidade de obter uma imagem está, portanto, mais próxima da frequência de revisita do satélite. No entanto, um factor a ter em conta para os sensores de radar é a presença de vento, que pode tornar a água rugosa e difícil de detectar nas imagens para determinadas polarizações e comprimentos de onda.

b. Detecção e cartografia de inundações por detecção remota espacial

As imagens de satélite (radar ou ópticas) de rios em cheia são ricas em informação muito relevante no contexto da gestão operacional das cheias. No entanto, esta exploração das imagens de satélite de cheias restringe-se a uma caracterização geométrica bidimensional (curvas de nível e superfície) da zona inundada, sem ter em conta os fenómenos hidráulicos envolvidos. Consequentemente, esta exploração das imagens de satélite poderia ser melhorada através de uma caracterização da inundação em três dimensões, fina e coerente com os fenómenos físicos e uma integração das características espaciais.

Para o efeito, utilizaremos duas fases de tratamento:

Primeiro passo: Extracção de características espaciais de inundação a partir de imagens de satélite e análise da sua relevância local de um ponto de vista hidráulico,

Segunda etapa: Cruzamento de informações relevantes das imagens com um Modelo Digital de Terreno (DTM) de qualidade

A cartografia das inundações é apenas uma exploração parcial das imagens de satélite. De facto, como demonstrado por alguns trabalhos (Horritt, 2000; Smith et *al.*, 1996), as imagens de satélite de inundações são ricas em informações, para além dos mapas de inundações, que podem ser muito úteis para a gestão das inundações e, em especial, para a modelação hidráulica. Por exemplo, uma caracterização tridimensional fina, associada à modelação hidráulica, permitiria uma exploração mais completa das imagens de satélite.

2. Detecção remota e cartografia do estado da superfície :

A utilização da teledetecção para cartografar as condições de superfície permite prever facilmente uma extensão espacial da caracterização da aptidão do solo (Casenave e Valentin, 1989).

Com base nas observações de campo que descrevem o estado da superfície, o procedimento de cartografia proposto (Lamachère e Puech, 1995) consiste em descodificar as imagens de satélite para definir quatro planos temáticos:

- um plano dos cursos de água (rede hidrográfica)

- um plano de *vegetação* baseado em classes de densidade do coberto vegetal,

- um plano de *solos,* diferenciando os solos pela luminosidade da sua superfície,

- um plano de *utilização das terras,* separando as zonas cultivadas das não cultivadas.

Esta descodificação permite caracterizar cada classe radiométrica, resultante do tratamento digital das imagens, pela sua composição em superfícies elementares padrão. Para cada classe radiométrica, a transição das quatro variáveis primárias (água, solo, vegetação, uso do solo) para a composição em superfícies elementares padrão é baseada em observações de campo.

O cruzamento, num Sistema de Informação Geográfica, dos quatro planos temáticos resultantes da descodificação permite também a cartografia de unidades hidrológicas homogéneas caracterizadas, graças às observações de campo, pela sua composição em superfícies elementares.

3 .técnicas de processamento de imagem :

a. Classificação supervisionada :

Esta classificação, também conhecida por Computer Assisted Photo-Interpretation (CAPI), baseia-se na interpretação visual das imagens por um operador. Este último delimita os objectos de interesse, por exemplo uma zona inundada, utilizando um Sistema de Informação Geográfica (Davis & Simonett, 1991). Esta abordagem é particularmente relevante para uma análise preliminar qualitativa de imagens (Henry, 2004), ou como complemento de outros métodos de processamento de imagem (Yésou et *al.,* 2000). A principal desvantagem deste método é que deixa uma grande margem para a subjectividade do operador.

b. Classificação não supervisionada

Esta classificação, também conhecida como classificação de imagens pixel a pixel, baseia-se numa partição, em classes Ci, do espaço de radiometrias da imagem, sendo a dimensão deste espaço igual ao número de bandas espectrais da imagem inicial. A cada classe Ci está associado um valor característico Vi. A classificação de uma imagem pixel a pixel consiste então em criar uma nova imagem com o valor Vi se o pixel considerado tiver intensidades em cada uma das bandas da imagem inicial pertencentes à classe Ci.

Um caso especial de classificação de imagens é a limiarização radiométrica numa banda espectral. Consiste em criar uma imagem binária (0-1) aplicando uma função de limiar aos valores dos pixéis da imagem na banda espectral considerada. Este método é normalmente utilizado para o mapeamento de objectos cuja radiometria é altamente contrastada com a de outros objectos na imagem, tais como áreas inundadas (Henry, 2004; Horritt et al, 2003; Maurel, 1988; Puech, 1992; Zhou et al, 2000). É eficiente e relativamente fácil de implementar. Uma das principais dificuldades deste método é a determinação de um valor limite no caso de não existirem dados adicionais sobre a área inundada (Ryu et al, 2002).

c.   **Segmentação por modelos de contorno activos ("Snake")**

Os modelos de contorno activo são curvas bidimensionais com nós móveis. A segmentação de imagens utilizando estes modelos baseia-se no cálculo das estatísticas locais da imagem e no crescimento da forma de um polígono inicial (ou polilinha). Este polígono inicial é expandido espacialmente para corresponder aos contornos do objecto de interesse. Os parâmetros associados a estes algoritmos são relativamente numerosos e incluem, nomeadamente, a tolerância ao ruído e a curvatura das linhas do polígono. A dinâmica dos contornos do polígono baseia-se na noção de energia interna e externa, com o objectivo de minimizar a energia total presente ao longo da curva. Em particular, (Horritt, 1999; Horritt et al., 2001) propõe um algoritmo de modelo de contorno activo para extrair a audição de uma imagem de radar de inundação.

d.   **Detecção de alterações**

Para efeitos de cartografia de inundações, a detecção de alterações exige a disponibilidade de pelo menos duas imagens (com características radiométricas e espaciais semelhantes), uma das quais não inundada e a outra inundada. No caso de imagens ópticas, é necessário ter bandas espectrais comuns em ambas as imagens. No caso do radar, é também necessário que as condições de aquisição - ângulo de visão e direcção da órbita - sejam semelhantes (Gineste, 1998; Henry, 2004). Com efeito, no caso de ângulos de visão demasiado afastados ou de direcções de órbita diferentes, é muito difícil fazer coincidir as imagens no espaço devido a distorções geométricas (ver § 2.2.5). Para as imagens ópticas, a detecção de alterações pode basear-se numa análise de componentes principais (PCA) das diferentes bandas espectrais ou numa diferença radiométrica pixel a pixel (ou rácio) das imagens - ou numa janela deslizante - (Badji & Dautrebande, 1997; Delmeire, 1997; Pelletier et al, 2005). Para as imagens de radar, pode ser utilizada uma diferença radiométrica - ou rácio - ou uma medida de descorrelação de speckle (Rignot, 1993).

4   Utilização de imagens de satélite para auxiliar a modelação hidráulica

Os modelos hidráulicos são muito importantes para a gestão das inundações (De Roo et *al.*, 2000; Horritt & Bates, 2001; Pelletier et al., 2005). No entanto, a determinação dos valores dos parâmetros destes modelos é frequentemente complexa e difícil. As imagens de satélite de inundações, com uma visão espacial objectiva, podem ser muito úteis para a modelação hidráulica, por exemplo para a calibração, validação ou inversão de modelos hidráulicos.

A calibração de um modelo consiste em optimizar, através de simulações sucessivas, os parâmetros de modo a obter resultados simulados tão próximos quanto possível dos dados observados.

J Integração de dados espaciais na modelação hidráulica :

A utilização de dados de observação da Terra baseados no espaço para apoiar a modelação hidráulica é relativamente recente e está ainda em desenvolvimento. Os trabalhos actualmente realizados utilizam principalmente zonas inundadas extraídas de imagens de satélite

Conclusão

Em geral, os estudos baseados na análise de imagens de satélite adquiridas durante os períodos de cheias fornecem uma caracterização bidimensional fina do perigo, mas sem ter em conta os níveis de água e a dinâmica das cheias.

Consequentemente, o estado da arte neste capítulo leva à seguinte conclusão:

As imagens de satélite (radar ou ópticas) de rios em cheia são ricas em informação muito relevante para a gestão das cheias, mas que na maior parte das vezes é apenas parcialmente explorada.

De facto, a riqueza de informação nas imagens de inundações vai além de um mapa bidimensional de perigo (Horritt, 2000; Pappenberger et al, 2005a; Smith et al, 1996). Além disso, (Raclot, 2003a) estimou os níveis de água através do cruzamento de informações extraídas de fotografias aéreas de inundações e de um DTM fino. A fim de obter incertezas adaptadas à hidráulica fluvial, completou o cruzamento de informações com um algoritmo de consistência hidráulica. Tendo em conta estas duas abordagens, parece muito interessante associá-las, a fim de obter estimativas de níveis de água a partir de imagens de satélite de inundações, com incertezas adaptadas à modelação hidráulica

Parte II. Apresentação da área de estudo e abordagens metodológicas.

Capítulo I: Apresentação da zona de estudo

I. Enquadramento geográfico e administrativo :

O Oued Medjerda, conhecido como Bagrada na antiguidade, tem origem na Argélia e atravessa o norte da Tunísia numa orientação SW-NE para desaguar no Golfo de Tunes, entre o Cabo Farina (também conhecido como Rass Ettarf ou Cabo Sidi Ali El Mekki) e o Cabo Gammart.

Tem um comprimento de 460 km e uma bacia hidrográfica de cerca de 22.000 km^2 . Na Tunísia, tem 5 afluentes principais: Oued Béja, Oued Tessa, Oued Kessab, Oued Seliana e Oued Mellègue (Oueslati et *al.*, 2006).

A bacia hidrográfica do rio Medjerda está subdividida em três sub-bacias, nomeadamente

- **O alto vale**: estende-se desde a cidade de Ghardimaou, na fronteira argelina, até à barragem de Sidi Salem.

- **O vale médio**: estende-se da barragem de Sidi Salem à barragem de Laaroussia.

- **O vale inferior**: estende-se da barragem de Laaroussia a Ghar El Melh

A zona de estudo situa-se no vale médio do rio Medjerda, entre a jusante da barragem de Sidi Salem e a montante da barragem de Laâroussia. Está administrativamente ligada às delegações de Oued Ezzarga, Medjez Elbab e Tebourba (figura 7).

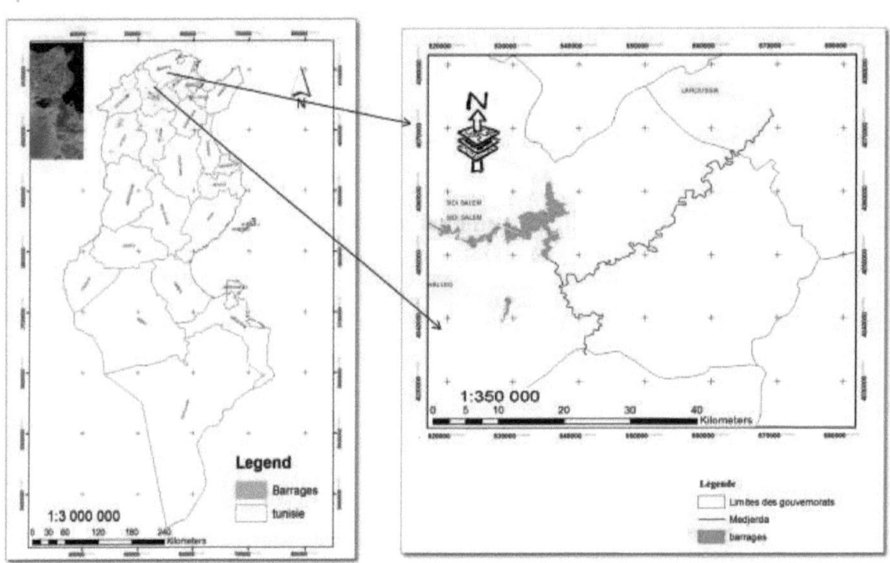

Figura 7. Localização da área de estudo.

II.   Quadro climático :

A temperatura, o vento, a evaporação e a precipitação são os principais factores climáticos que influenciam o regime hidrológico da bacia hidrográfica de Medjerda.

1.   Precipitação :

A precipitação anual da estação de Medjez Elbab apresenta uma grande oscilação e uma média anual de cerca de 445 mm.

No entanto, o regime pluviométrico da Medjerda é instável e irregular, uma vez que a Tunísia está situada numa descontinuidade climatológica em que a mais pequena causa pode ter efeitos muito significativos no seu regime pluviométrico.

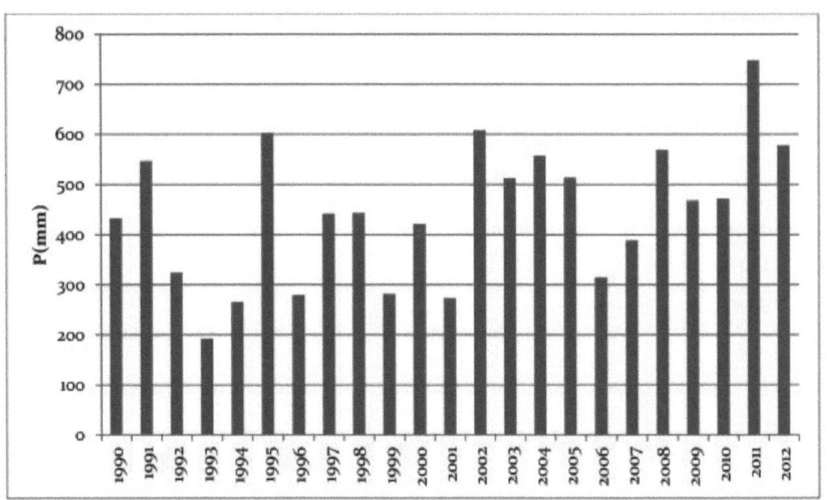

Figura 8. Variação da precipitação anual na estação de Medjez Elbab (DGRE, INM, 2014)

A secção de estudo, situada entre a barragem de Sidi Salem e a barragem de Lâroussia, é monitorizada pelas estações pluviométricas apresentadas na figura seguinte:

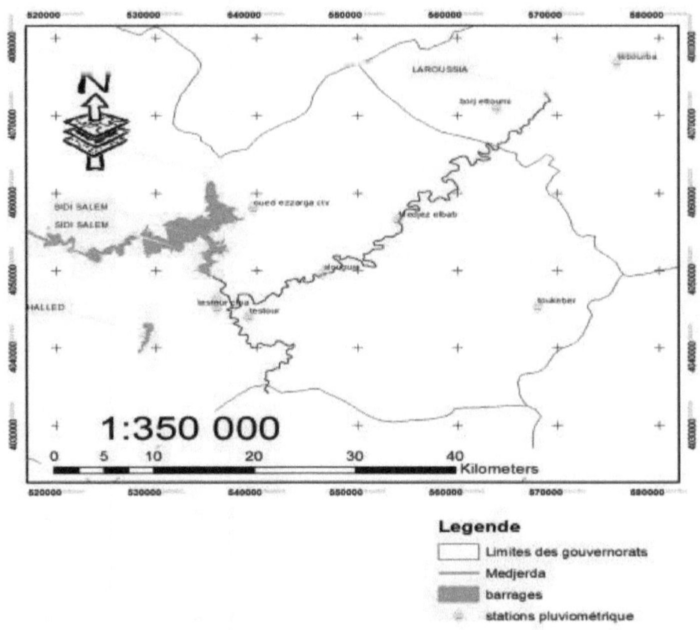

Figura 9. Estações pluviométricas existentes no vale médio de Medjerda.

2.   Temperatura :

A temperatura varia em torno dos 30°C entre Junho e Agosto. O valor mínimo registado é de 8°C a 14°C entre Janeiro e Março (figura 10).

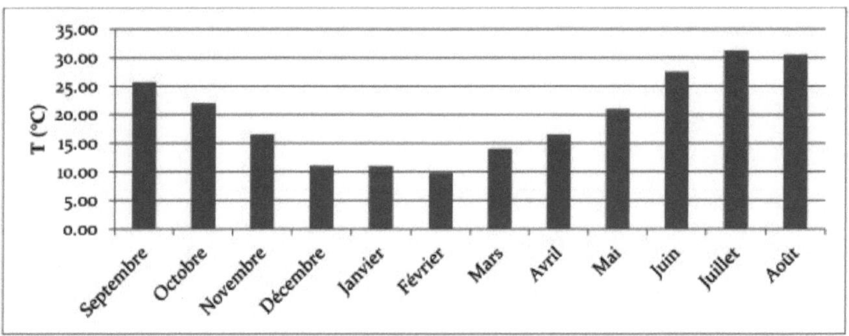

Figura 10. Variação da temperatura média mensal em 2012 (DGRE, INM, 2014)

3.   Vento :

O vento predominante é de noroeste. Os ventos fortes a muito fortes são muito frequentes em tempo calmo. Um vento específico, o Sirocco, cujos efeitos de secagem são consideráveis, sopra de sul para sudoeste. Este vento sopra mais de vinte dias por ano na bacia de Medjerda.

4.   Evaporação :

Em 2009, a evaporação anual de Medjez Elbab foi igual a 1176,1 mm.

Os meses de Verão (Junho, Julho e Agosto) registam os valores de evaporação mais elevados, atingindo um total de 571,5 mm, ou seja, metade do valor médio anual.

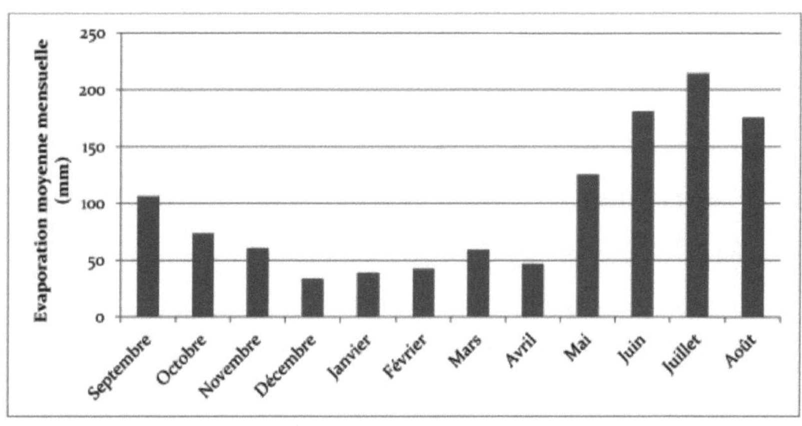

Figura 11: Registos mensais de evaporação na CRDA de Medjez Elbab.

5. Pavimento bioclimático

O estádio bioclimático é calculado pela fórmula empírica de Emberger:

$$Q = \frac{2000 \times P}{T^2 \max - T^2 \min}$$

Com Q: coeficiente que permite classificar a região de acordo com o bioclima.

P: Precipitação média (mm).

Tmax: Média dos máximos do mês mais quente (°K).

Tmin: Média dos máximos do mês mais quente (°K).

Tmax = 31,2 + 273 = 304,2 °K

Tmin= 9,8 + 273 = 282,8 °K

Por conseguinte, Q = 70,82

$\Rightarrow$ De acordo com a classificação de Emberger, M= 70,82 pertence ao intervalo]50, 70[, pelo que a nossa área pertence ao semi-árido superior. (Anexo 6).

III. Quadro hidrológico :

1. Águas de superfície :

a. Oued Medjerda (secção Sidi Salem - Lâaroussia)

b. Oued Khalled:

Nasce na planície de Krib e drena uma bacia hidrográfica de 452 km na sua confluência com o rio Medjerdah, nas proximidades de Testour, imediatamente a montante da confluência do rio Siliana com o rio Medjerdah.

c. Oued Siliana

O Oued Siliana é um dos principais afluentes do Medjerdah. O rio drena uma bacia hidrográfica de 2220 km2 na sua confluência com o Medjerdah em Testour.

d. Oued Lahmar

O rio drena a planície de Goubellat e a sua bacia hidrográfica cobre cerca de 520 km2.

2. Trabalhos hidráulicos :

A secção de Oued Medjerda que é objecto do presente estudo é limitada por duas barragens:

a.   Barragem de Sidi Salem:

Considerada a maior barragem da Tunísia, a barragem de Sidi Salem foi construída em 1981 no âmbito do plano director para a utilização da água no norte da Tunísia e foi concebida para mobilizar ao máximo os recursos da bacia do rio Medjerda.

Para além da mobilização de águas superficiais para a satisfação das diversas necessidades hídricas, Sidi Salem desempenha um papel essencial na protecção das cidades e planícies a jusante (como a cidade de Medjez Elbab,...) aquando das cheias e isto através da laminação das águas das cheias (Louati, 2011)

b.   Barragem de Lâaroussia :

Trata-se de uma estrutura regulamentar. Está situada na parte inferior do rio Medjerda, à entrada do vale inferior. Situa-se na delegação de Tebourba, província de Manouba.

Trata-se de uma barragem móvel, constituída essencialmente por três grandes comportas de sector. O seu objectivo é :

- Controlo dos fluxos enviados para o canal Medjerda-CapBon.

- Fornecer um volume anual para irrigação.

- Gerar electricidade por turbinagem.

c.   Pontes :

O troço Sidi Salem-Lâaroussia contém cinco pontes:

- Testour.

- Slouguia.

- Andaluz (Almouradi) em Medjez Elbab.

- Correia GP5.

- Borj Ettoumi.

IV. Enquadramento geológico :

1.   Litoestratigrafia :

Os afloramentos geológicos da zona de estudo são essencialmente constituídos por formações pliocénicas de origem continental, compostas por conglomerados, areias e arenitos. Todos estes sedimentos preenchem uma depressão delimitada de ambos os lados por formações cretácicas e eocénicas, onde surgem derrames diapíricos de água do Triásico que acabam por se infiltrar nos aquíferos (Clanzig et *al.*, 2010).

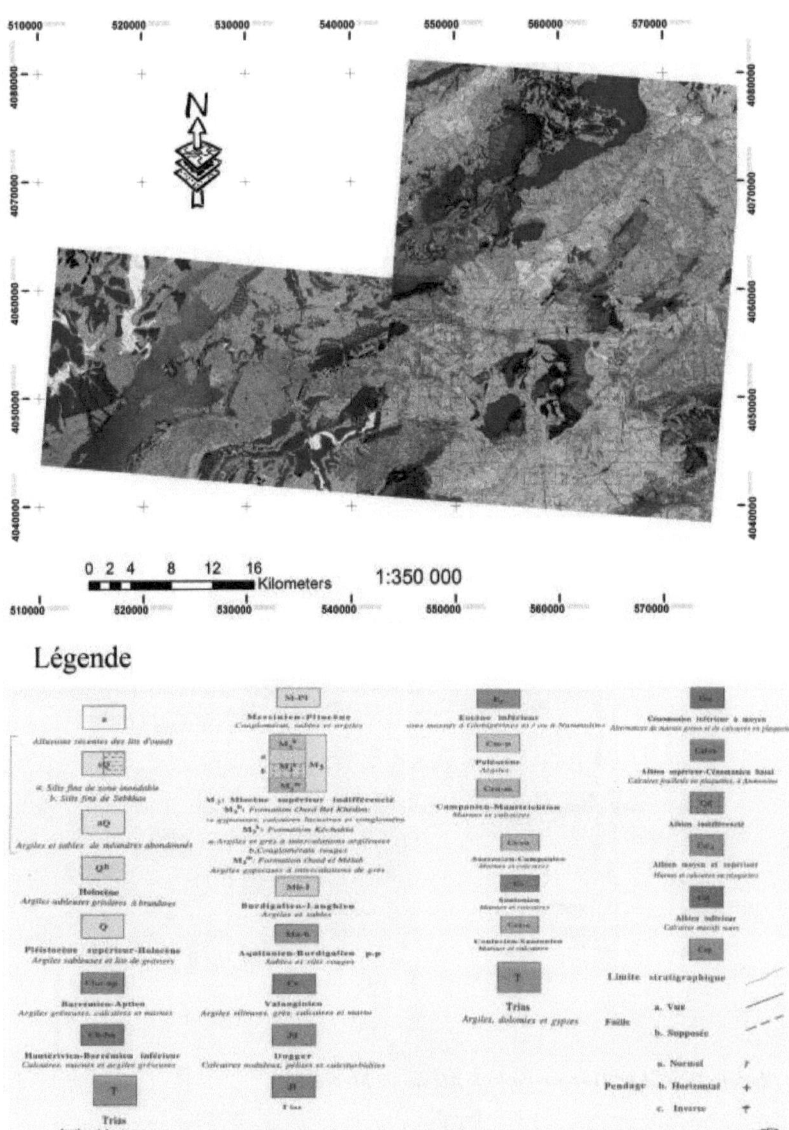

Figura 12: Mapa geológico do vale médio de Medjerda.

2.   Geomorfologia :

A partir do Modelo Digital do Terreno apresentado na figura seguinte, verifica-se que o relevo do vale médio é bastante acentuado. A altitude nesta área varia entre 33m e 720m. Apresenta uma planície aluvial que se alarga a partir do Medjez ELbab.

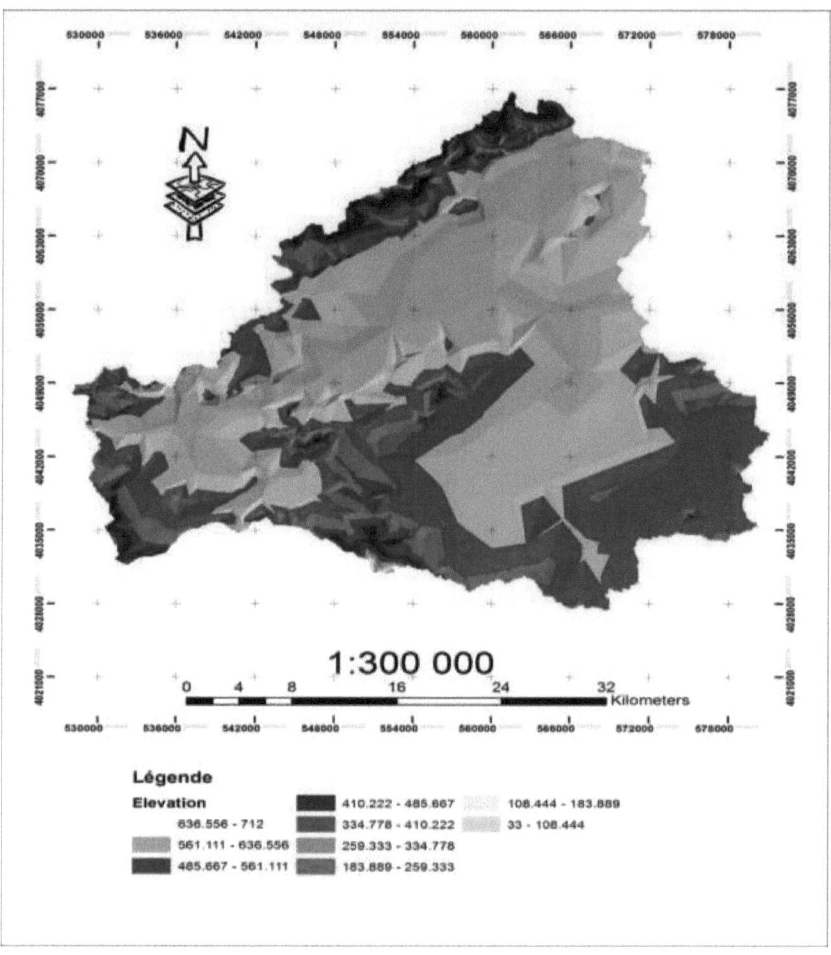

Figura 13: Modelo Digital de Terreno do Vale Médio de Medjerda.

3.   Estrutura:

De Testour a Tebourba, o vale médio de Medjerda é uma caleira instalada no eixo da zona do diapir. Esta última, disposta de cada lado em Slouguia. Além disso, corre ao longo da frente do acidente T4. Estas duas características sugerem a complexidade estrutural da região e a existência de acidentes transversais provocados por desvios e torções no leito geológico.

A depressão de Testour situa-se na intersecção do acidente T4 com o rasgo transversal Oued Ezzarga-Testour. Até à barragem de Lâaroussia, o Medjerda corre agora numa escadaria horizontal que atravessa num único meandro.

Só as particularidades da sua concepção reflectem as passagens de um degrau para outro. O importante acidente transversal do Oued gerou o desnível de Medjez Elbab (Claude J et *al.*, 1981).

4. Pedologia :

Embora os solos da planície do vale médio sejam de origem comum, existem diferenças. Estão presentes solos calcários castanhos com texturas que variam entre siltosos, argilosos e argilosos. Estes solos são geralmente pouco permeáveis e colocam problemas de alcalinização (Rejeb et al, 2003). A textura destes solos favorece o transporte de sólidos em suspensão devido ao predomínio de partículas de pequeno diâmetro (argila, silte e areia).

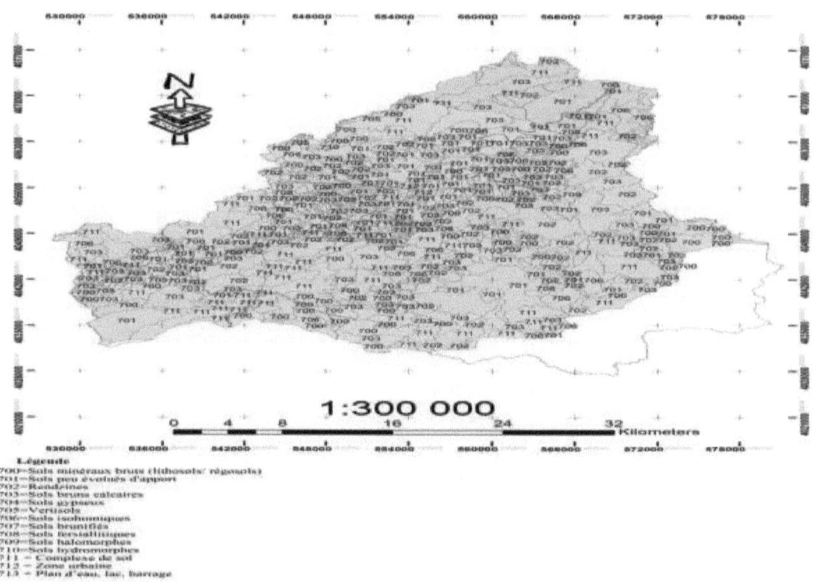

Figura 14: Mapa dos solos do vale médio de Medjerd

V. Enquadramento hidrogeológico :

A quase totalidade das estruturas que contêm aquíferos situa-se nas planícies (algumas estão colapsadas) ou ao longo dos wadis. É também necessário assinalar a existência de algumas estruturas calcárias, na maioria das vezes empoleiradas, de extensão bastante limitada" e cujos recursos são bastante fracos (Hechmet, 1989)

Nesta secção, descreveremos as diferentes estruturas hidrogeológicas:

1. Águas subterrâneas

a. O lençol freático da planície de Teboursouk:

Situa-se no sopé da mesa de calcário eocénico da cidade de Teboursouk, estendendo-se de ambos os lados do wadi de Khalled. A superfície ocupada pelo lençol freático é bastante limitada, cerca de 47 km2.

O lençol freático é alimentado, no lado ocidental, pelo relevo da bacia hidrográfica do wadi de Zitouna, cuja qualidade das águas de escorrência é boa. No lado oriental, é o maciço triássico do Jebel Ech Cheid que alimenta o lençol freático. Infelizmente, as águas de escoamento desta zona contribuem para a degradação da qualidade química das águas subterrâneas.

b. O lençol freático de Bled Ghenimah (Testour):

O lençol freático de Bled Ghenimah desenvolve-se no curso inferior do oued Khalled, imediatamente antes da sua confluência com o Medjerda, e desenvolve-se ao longo do Medjerda até às imediações da aldeia de Sloughia. Note-se que o lençol freático de Bled Ghenimah cobre uma área de 30 km.

A quase totalidade do potencial do lençol freático provém do abastecimento deste último a partir das descargas da barragem de Sidi Salem.

O resíduo seco de todo o lençol freático varia de 1,5 g/1 a mais de 7 g/1. A zona onde a salinidade se situa entre 1,5 e 3 g/1 situa-se ao nível do wadi de Khalled e da sua confluência com o Medjerda.

c. O lençol freático da planície de Goubellat:

A planície de Goubellat situa-se a 15 km a sul da aldeia de Medjez el Bab. É limitada a NE pelo Jebel Bassina, a Oeste pelo Jebel Djaffa e a SE pelas colinas de Sidi Ramdane e Mahsoudj.

O lençol freático é alimentado pelas formas de relevo que o delimitam. Na zona onde a profundidade da massa de água está próxima do solo natural, a salinidade é muito elevada, superior a 7 g/l. No resto do aquífero, a salinidade situa-se entre 2 e 5 g/l. No resto do lençol freático, a salinidade situa-se entre 2 e 5 g/1.

2. Águas profundas :

a. O aquífero profundo de Bled Ghenimah:

O aquífero profundo de Bled Ghénimah só é reconhecido na confluência dos wadis de Medjerdah, Khalled e Siliana. O aquífero é composto por cascalho, seixos e argila alternados.

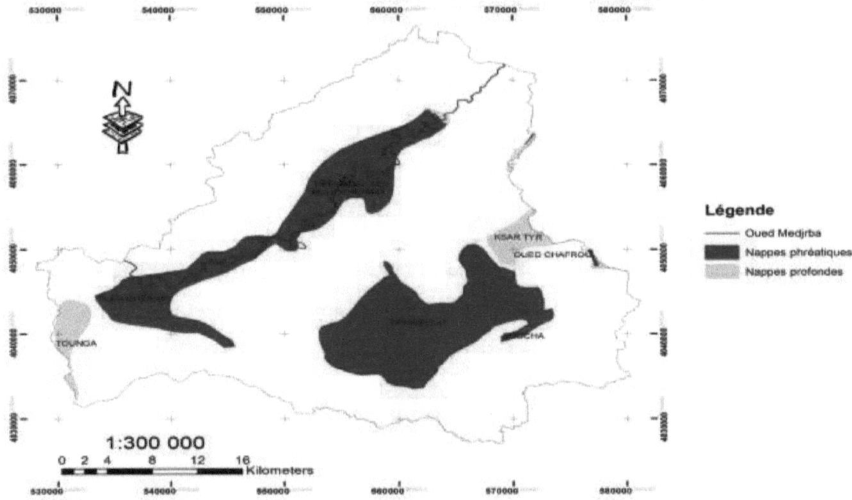

Figura 15. Mapa de localização das águas subterrâneas e das águas profundas (STUDI, 2008)

Conclusão

Neste capítulo, apresentámos o Vale do Médio Medjerda, determinando o enquadramento geográfico e administrativo, o clima da zona e o seu enquadramento hidrológico. Mostrámos também a geologia, detalhando a sua litoestratigrafia, estrutura, pedologia e relevo. Na mesma linha, apresentámos neste capítulo os diferentes tipos de lençóis de água existentes.

Capítulo II: Abordagem metodológica

Introdução

Neste capítulo propomos apresentar uma abordagem metodológica baseada na escolha de várias fontes de dados (imagens de satélite, extractos do Google Earth, cartas topográficas, cartas geológicas... ...em diferentes datas e escalas) para a cartografia das zonas de risco de inundação.

Um dos problemas metodológicos levantados neste trabalho é a harmonização de dados heterogéneos segundo o mesmo quadro de referência geográfico (projecção UTM, Datum Carthage, zona 32 N).

I. Detecção remota

A abordagem metodológica adoptada neste trabalho está resumida na Figura 16.

1. Imagens de satélite utilizadas

O presente estudo baseou-se no processamento e interpretação de imagens de satélite *Landsat* de diferentes datas, abrangendo a região do Vale Médio de Medjerda: *Caminho 192, Linha 034, e Caminho 192, Linha* 035.

- Uma cena *Landsat 7 ETM+ multiespectral e pancromática* [uma banda pancromática TM 8 com 15 m de resolução espacial, [6 bandas multiespectrais (TM 1, 2, 3, 4, 5, 7, a 30 m)], datada de *4 de Janeiro de 2003*;

- Duas cenas *multiespectrais Landsat 5 TM* [6 bandas multiespectrais (TM 1, 2, 3, 4, 5, 7, a 30 m)] datadas de *28 de Novembro de 2009* e *21 de Abril de 2010*;

- Uma cena *Landsat 8 OLI_TIRS multiespectral e pancromática* [uma banda pancromática TM 8 com 15 m de resolução espacial, 6 bandas multiespectrais (TM 1, 2, 3, 4, 5, 7, a 30 m)], datada de *25 de Dezembro de 2013*.

A selecção destas imagens baseia-se nos seguintes critérios:

S O ano de aquisição (pré e pós-inundação).

S A época de aquisição (idealmente a mesma época).

S A data de aquisição (tanto quanto possível a mesma).

2. Pré-tratamento

Foram efectuadas várias operações de pré-processamento nas imagens de satélite disponíveis.

a.   Correcção geométrica :

A qualidade das correcções geométricas das imagens é essencial na detecção remota de alterações. Estas correcções permitem a comparação de cenas posicionadas no mesmo quadro de referência geográfica (UTM), bem como a sua sobreposição na base de dados de ortofotos ou outras fontes de dados.

b.   Correcção atmosférica :

São efectuadas correcções atmosféricas às imagens de satélite da zona de estudo. Este tipo de correcção é essencial e destina-se a:

J Para aceder aos valores físicos da reflectância da superfície;

J Efectuar comparações multi-data entre imagens do mesmo sensor ou de satélites diferentes;

S Assegurar a reprodutibilidade dos métodos de identificação ou de classificação das superfícies, sem ter de repetir a análise de amostras retiradas da imagem a tratar (Kergomard, 1990) (Apêndice 1).

c.   Alongamentos:

Esta técnica facilita a interpretação das imagens de satélite, uma vez que melhora a sua qualidade visual. De facto, consiste numa transformação linear ou não linear da amplitude do sinal de cada pixel de uma imagem, de modo a que o conjunto das amplitudes ocupe mais eficazmente a escala de cinzentos disponível (RABIA M.C., 1998). (Anexo 2)

d.   Aquisição de dados no terreno :

A aquisição de dados de campo é necessária para efectuar uma classificação supervisionada de imagens de detecção remota e para aperfeiçoar a nossa compreensão dos padrões de utilização dos solos. Em Março, realizou-se uma campanha de campo com o objectivo de conhecer a morfologia do terreno, a sua geologia e, sobretudo, o conhecimento dos padrões de utilização do solo e das práticas de cultivo.

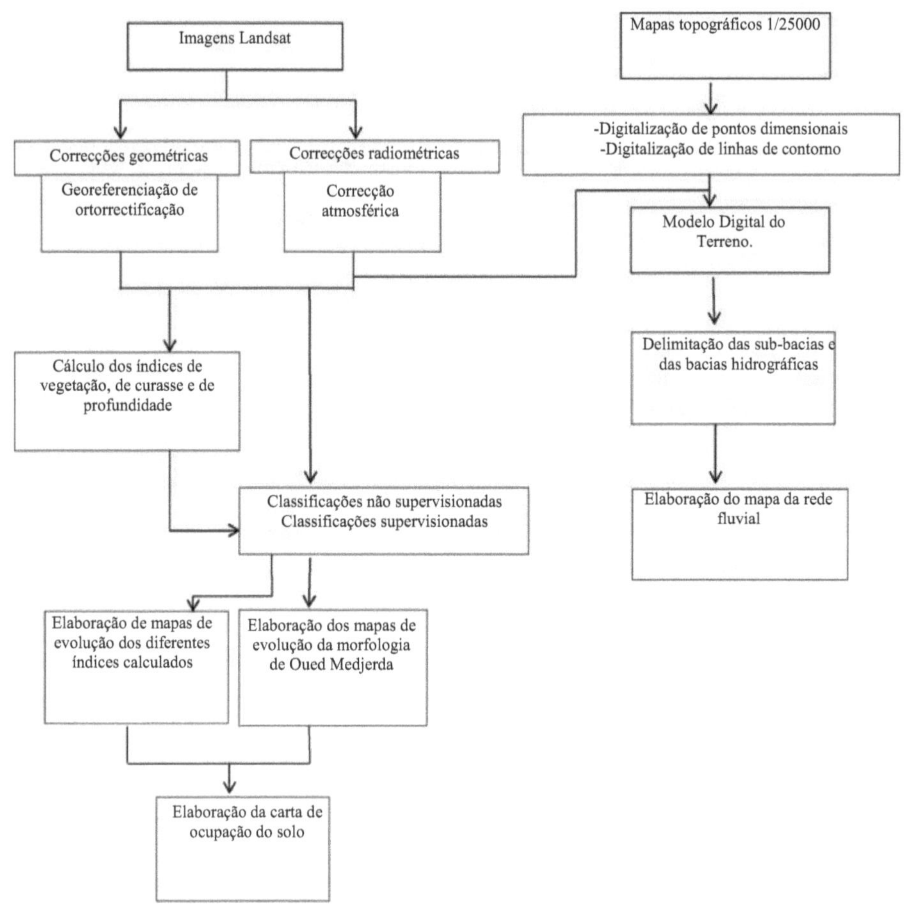

Figura 16. Diagrama resumido da metodologia adoptada para o tratamento das imagens de satélite.

e.   Classificação e comparação de imagens :

J **Princípio**: A técnica de comparação das classificações das imagens permite localizar e identificar as mudanças de uso do solo. Foi aplicado um método a cada imagem para as comparar posteriormente. A dificuldade consiste em reproduzir exactamente a mesma classificação em cada imagem. O método de classificação supervisionada utilizado para este estudo é o método da "máxima verosimilhança". O conhecimento da zona de estudo é capitalizado e utilizado para determinar a classe de cada pixel. A classificação supervisionada foi efectuada sobre imagens georreferenciadas com o objectivo de sobrepor as camadas de informação utilizadas para digitalizar os núcleos de classificação.

J A escolha das classes: foram definidas doze classes para a classificação supervisionada das duas imagens de satélite. Este grande número de classes permitiu-nos limitar certas confusões. Em particular, foram discriminados vários tipos de florestas, superfícies de água e solos. Após a síntese, a classificação textural final é composta por nove grupos temáticos.

J Avaliação da qualidade das classificações supervisionadas: A avaliação do desempenho das classificações supervisionadas nas imagens Landsat 2003, 2009 e 2011 foi efectuada visualmente, comparando os resultados com outros documentos, tais como imagens do Google Earth e/ou mapas topográficos.

J Máscaras e detecção de alterações : A detecção de alterações para uma classe temática entre duas datas (2003 e 2009) é possível através da utilização de máscaras.

3.   Software utilizado

•   . **ENVI** (The Environment For Visualizing Images, desenvolvido pela empresa "ITTVIS").

É um software comercial completo para visualização e processamento de imagens de detecção remota. Apresenta uma interface lógica e intuitiva para leitura, visualização e análise de diferentes formatos de imagem. Todos os métodos de processamento de imagem para correcções geométricas e radiométricas, classificação e layout cartográfico estão presentes. Neste trabalho utilizámos a versão 5.1 do ENVI.

•   **O Global mapper 15** é mais do que uma simples ferramenta de visualização capaz de mostrar as imagens raster, os dados de elevação e os dados vectoriais mais comuns. Permite a utilização de funcionalidades SIG sobre os diferentes conjuntos de dados de uma forma simples e económica. Permite também, no seu interior, a visualização de dados de elevação em verdadeiro 3D com um drapejamento de qualquer imagem raster ou dados vectoriais.

Neste trabalho foi utilizado o software Global mapper para a geração do DTM raster.

II. Criação de um SIG

1.   Mapas topográficos

Para este trabalho foram utilizadas cartas topográficas à escala 1:25.000. Trata-se das folhas n.º 18, 19, 26, 27, 28, 34 das regiões de Beja, Tebourba, Oued Ezzarga, Medjez El Bab, Bir Mcherga e Bou Arada, elaboradas pelo gabinete de topografia e cartografia (Tunes, 1988). Estes mapas foram geo-referenciados de acordo com a projecção UTM (Zona 32, Elipsóide de Clarke 1880), montados e vectorizados utilizando o software ArcGIS 10.

Estes documentos constituem um corpus de camadas de informação que são de interesse crucial para o nosso estudo. A fim de construir uma base de dados multitemática, foram elaborados mapas temáticos, tais como :

- A delimitação da zona de captação

- Mapa da rede fluvial

- Mapa das estruturas hidráulicas (barragens, lagos, etc.)

- Mapa das instalações existentes

2. Mapas geológicos

As cartas geológicas à escala 1:50.000 estabelecidas por Fournet (1999) das folhas 19, 26 e 27 das regiões de Tebourba, Oued Ezzarga e Medjez El Bab foram assim georreferenciadas segundo a projecção UTM (Zona 32, Elipsóide de Clarke 1880). Estes mapas são montados e vectorizados de forma a vectorizar o mapa geológico da área de estudo.

3. Software utilizado: ArcGIS 10

O software *ARC GIS 10* foi utilizado para a georreferenciação, a montagem de mapas topográficos e geológicos e a criação de um SIG do Vale Médio de Medjerda.

É um sistema capaz de adquirir, organizar, processar, analisar e difundir dados geo-espaciais. Inclui tanto o software como os aspectos metodológicos. Este software é uma plataforma completa que explora a dimensão geográfica para produzir mapas de qualidade prontos a usar. Permitiu-nos utilizar os resultados das classificações anteriormente efectuadas a partir do ENVI e apresentá-los de forma mais clara e legível sob a forma de mapas.

III. Modelação hidráulica

O principal objectivo deste estudo é a cartografia das áreas de risco de inundação do vale médio de Medjerda como ferramenta de apoio à decisão para o planeamento e gestão de rios e planícies aluviais. Este mapa é o produto da carta de risco de inundação e da carta de estacas. O cruzamento do mapa de simulação com o mapa de uso do solo permite extrair, em ambiente SIG, várias informações que permitem antecipar o perigo e, em seguida, proteger as pessoas e minimizar os danos.

1. Mapa de risco de inundação

Baseou-se principalmente na utilização da modelação hidráulica de escoamentos em superfície graduada e livre no âmbito do modelo 1D de Saint-Venant conhecido como *HEC-RAS (Hydrologic Engineering Center - River Analysis System)*, desenvolvido pelo *Hydrologic Engineering Center* do

U.S. Army Corps of Engineers para a simulação de cheias. Outra ferramenta principal utilizada é a extensão **HEC-GeoRAS** através do software Arc GIS da ESRI (Environmental Systems Research Institute), quer para a preparação dos dados a exportar para o **HEC-RAS**, quer para a exploração dos resultados da simulação num ambiente SIG (Debiane et *al.*, 2010).

2. Dados utilizados

Os principais dados necessários para este trabalho são o Modelo Digital do Terreno (MDT) e o coeficiente de Manning que representa o atrito e que é deduzido a partir do mapa de uso do solo, elaborado na interpretação de imagens de satélite, de acordo com a natureza do tipo de solo (área construída, solo nu, vegetação, etc.).

3. Metodologia de modelação hidráulica de inundações :

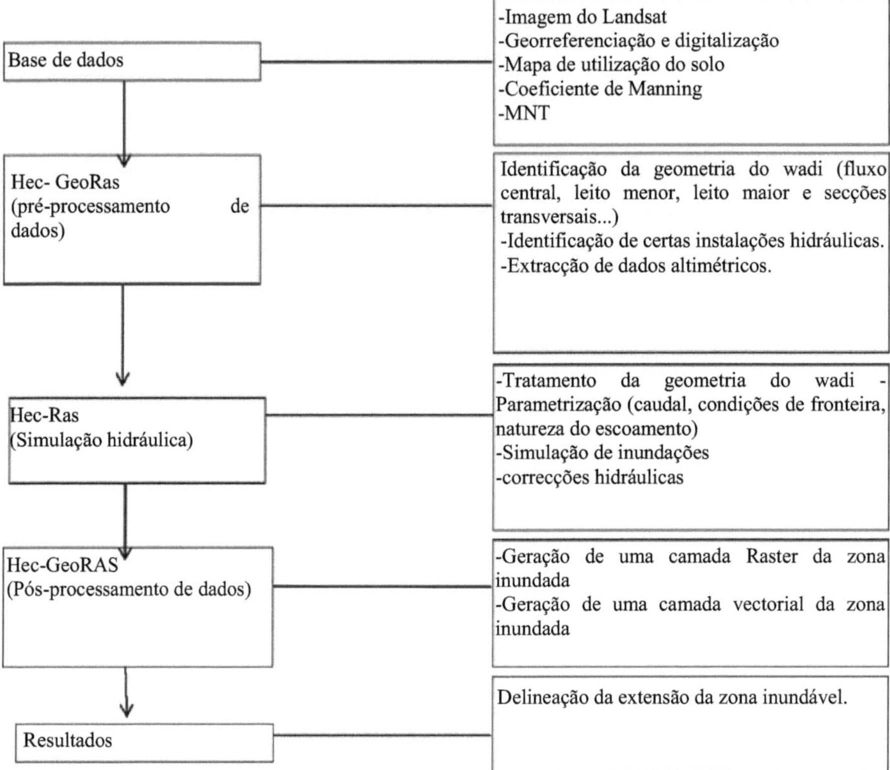

Figura 17. Diagrama resumido da metodologia adoptada para a modelação hidráulica.

Conclusão

A metodologia explicada neste capítulo divide o estudo em duas partes principais. A primeira parte consiste em extrair o máximo de dados possível das imagens de satélite adquiridas e a segunda parte consiste em integrar os resultados da modelação hidráulica com o HEC-RAS na ferramenta SIG para cartografar o risco de inundação. A combinação dos resultados destas duas partes conduzirá à determinação das zonas de risco de inundação

Parte III. Interpretações e resultados

Capítulo I: Estudo da bacia hidrográfica do vale do Médio Medjerda

I. Modelo Digital do Terreno :

A partir da imagem de satélite, foi possível estabelecer o DTM da área de estudo (figura 18).

De facto, o Modelo Digital do Terreno apresentado abaixo mostra o relevo bastante homogéneo do vale médio de Medjerda. De facto, a altitude da área varia entre 0m e 710m.

Indica igualmente a superfície notável da planície aluvial da zona, que é uniforme desde a jusante da barragem de Sidi Salem até Medjez Elbab, onde se alarga até à montante da barragem móvel de Lâaroussia.

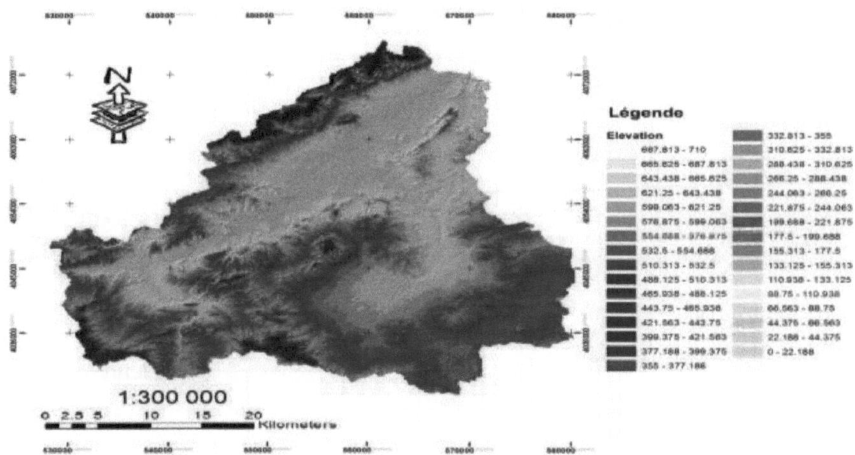

Figura 18. Modelo Digital do Terreno da área de estudo.

II. Zona de captação e sistema fluvial :

Utilizando a extensão ArcHYDRO do ambiente ArcGIS, foi efectuada uma análise hidromorfológica do modelo digital de elevação do terreno. Esta análise pode ser resumida em cinco etapas:

- Enchimento de taças

- Gestão do fluxo

- Acumulação de fluxos

- Vectorização dos fluxos

- Desenvolvimento da zona de captação

O Os *resultados dos tratamentos são apresentados nas figuras seguintes.*

Tableau 3. Características hidrológicas da bacia hidrográfica do vale médio de Medjerda.

		Fórmula		Unidade
Superfície	A		146800	Ha
			1468	Km²
Perímetro	P		194	Km
Comprimento do talvegue	lt		88	Km
distância do centro de gravidade à saída	lg		19	Km
Coeficiente de compacidade de Graveliu	kp	-	1.42	sem
O factor de forma	d	-	0.239	sem
Comprimento equivalente	L	- (-)	78.23	Km
Largura equivalente	l	- (-)	18.76	Km
	H5%		0.395	Km
	H95%		0.047	Km
a diferença de altitude	D	H5%-H95	0.348	
Altitude média	H50%		0.161	Km
Declive médio	i	-	0.0001	
Índice de inclinação global	Ig	-	0.004	
Coeficiente de gradiente específico	Ds	$I_g \times \sqrt{A}$	0.17	

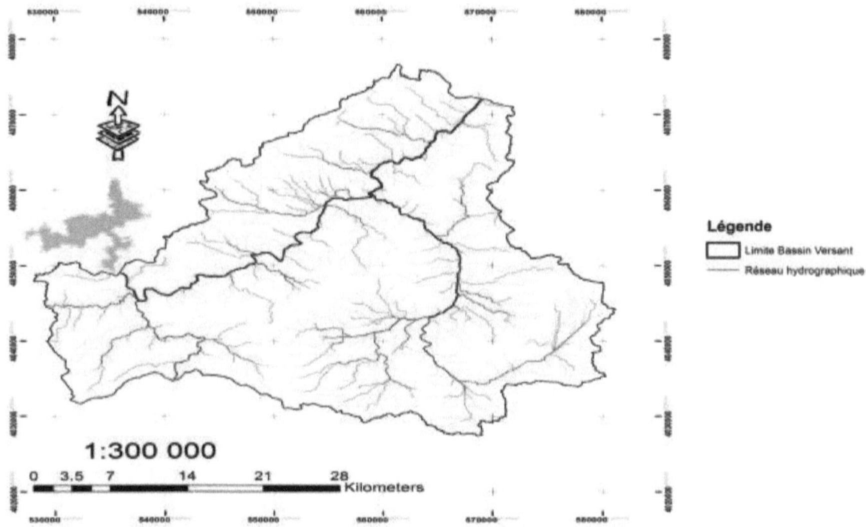

Figura 19. A bacia hidrográfica do vale médio de Medjerda e a sua rede hidrográfica.

Com base nos cálculos efectuados anteriormente, pode concluir-se que a forma da bacia hidrográfica é bastante alongada a alongada e que o relevo é baixo. (Anexos 3, 4 e 5)

Além disso, a zona de estudo é alimentada por uma rede hidrográfica variada. Para além da água drenada pelos afluentes de Khalled, Siliana e Lahmar, o wadi de Medjerda é alimentado pelas águas de escoamento da sua bacia hidrográfica durante as chuvas torrenciais e irregulares.

Com efeito, o regime hidrológico dos afluentes da margem esquerda da bacia do Oued Medjerda é mais ou menos regular, contrariamente ao dos afluentes da margem direita, onde se situa o troço Sidi Salem - Lâaroussia.

111. As sub-bacias:

A figura seguinte mostra as diferentes sub-bacias hidrográficas do vale do Médio Medjerda. De facto, Kalled, Siliana e Lehmar são as sub-bacias mais importantes da região.

Tableau 4. Características hidrológicas das bacias hidrográficas dos vários afluentes do vale do Médio Medjerda.

		KhalledSilianaLahmar					
			Unidade		*Unidade*		*Unidade*
Superfície	A	45200	Ha	37500	Ha	52000	Ha

		452	Km^2	375	Km2	520	Km2
Perímetro	P	105	Km	110	Km	97	Km
Coeficiente de compacidade de Graveliu	kp	1.3927372	sem	1.6018659	sem	1.1995523	sem
O factor de forma	d	3.8372982	sem	0.1695751	sem	0.4923077	sem
Comprimento equivalente	L	41.646834	Km	47.025624	Km	32.5	Km
Largura equivalente	l	10.853166	Km	7.9743758	Km	16	Km
	H5%	0.69	Km	0.66	Km	0.51	Km
	H95%	0.25	Km	0.35	Km	0.28	Km
a diferença de altitude	D	0.44		0.31		0.23	
Altitude média	H50%	0.405	Km	0.505	Km	0.1825	Km
Índice de inclinação global	Ig	0.010565		0.0065922		0.0070769	
Coeficiente de gradiente específico	Ds	0.2246156		0.1276564		0.1613787	

As bacias hidrográficas dos afluentes do Medjerda no vale médio têm formas diferentes:

- Bacia do Oued Khalled: bastante longa a longa.

- Bacia do Oued Siliana: Longa a muito longa.

- Bacia de Oued Lahmar: circular a bastante alongada.

A bacia hidrográfica de Medjerda tende a alongar-se de montante para jusante, o que se reflecte num aumento dos índices de compacidade das estações de montante para jusante.

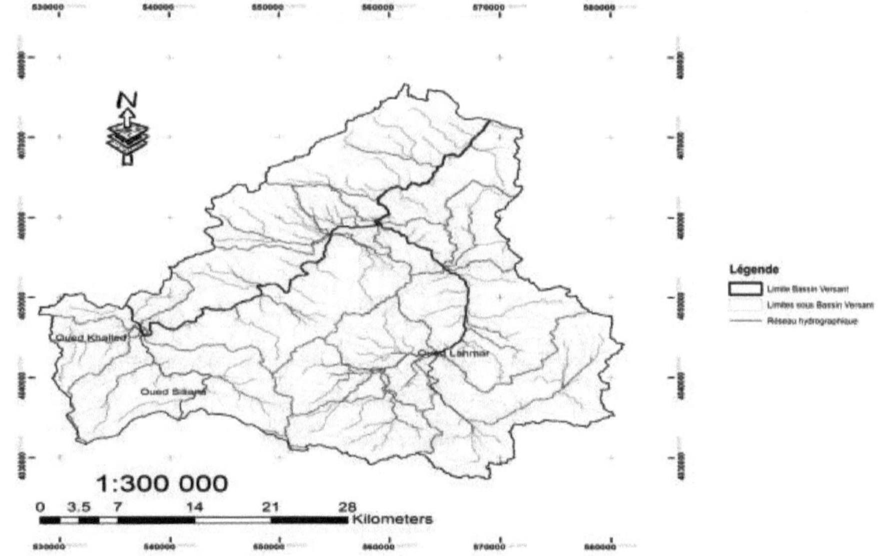

Figura 20. Delimitação da bacia do vale médio de Medjerda e das sub-bacias em direcção a

Capítulo II: Evolução da morfologia e da utilização dos solos do vale médio de Medjerda

Introdução

A análise de algumas imagens de arquivo Landsat permitiu-nos detectar as diferentes evoluções da morfologia da bacia hidrográfica do vale médio de Medjerda.

A disponibilidade de dados Landsat desde 1972, o mais antigo programa de observação da Terra, torna-o uma fonte documental excepcional. De facto, os dados Landsat proporcionam uma cobertura global da Terra desde 1972, graças aos sensores MSS (Multi Spectral Scanner, 1972-1992), TM (Thematic Mapper, desde 1982 e ainda operacional em 2006 com o Landsat 5) e ETM+ (Enhanced Thematic Mapper, desde 1999 e operacional em 2000 com o Landsat 7).

1. Evolução da morfologia da secção de Oued Medjerda:

Como já foi mencionado na bibliografia (capítulo III), é quase impossível dispor de imagens ópticas de satélite durante as cheias. Assim, para estudar a evolução do wadi de Medjerda entre a barragem de Sidi Salem e Laârousia, optámos por interpretar imagens de satélite Landsat para três datas entre cheias.

- 4 de Janeiro de 2003: pouco antes da inundação de Fevereiro de 2003.

- 28 de Novembro de 2009: Após as inundações de 2003 e 2008.

- 25 de Dezembro de 2013: Após as inundações de Novembro de 2011 -

Cada imagem foi processada e interpretada, e o trajecto do wadi foi digitalizado a fim de comparar a sua evolução para as três datas.

1. Imagem Landsat 2003

Foi processada e classificada uma imagem Landsat 7 ETM+, datada de 4 de Janeiro de 2003, na composição de bandas 5,4 e 3. A partir desta imagem, foi digitalizado o trajecto e a morfologia do rio Medjerda principal para o ano de 2003 (Figura 21).

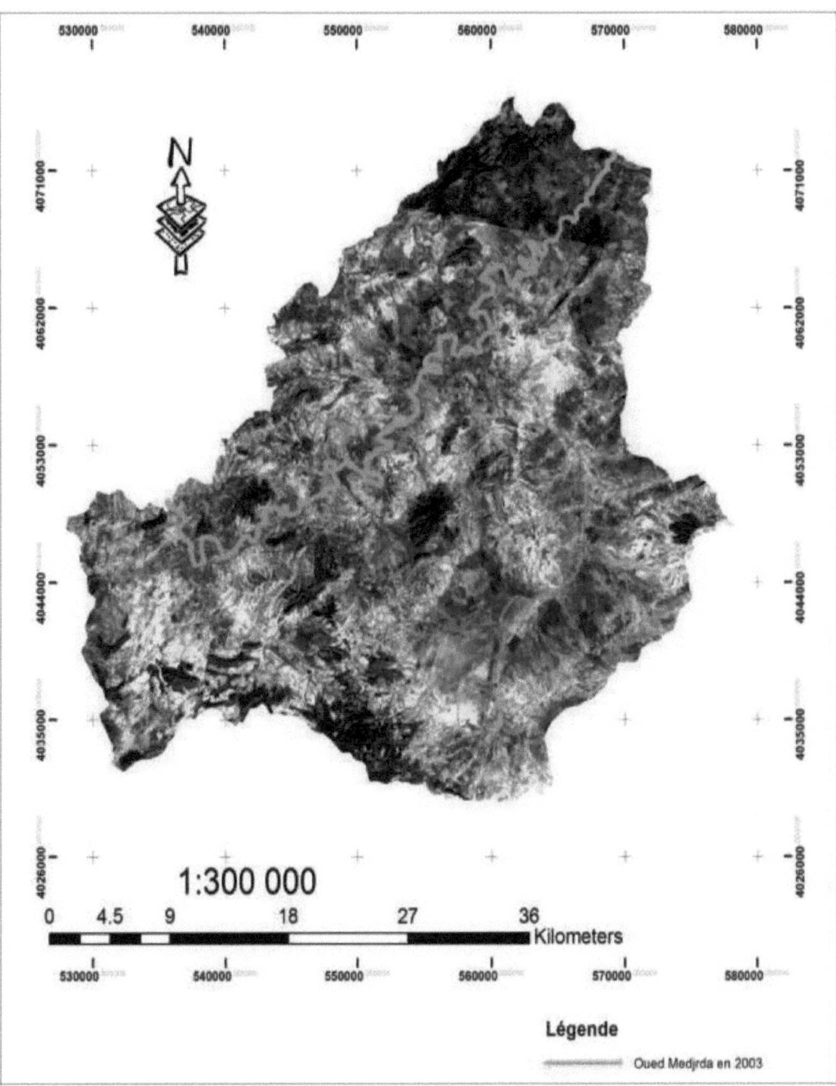

Figura 21. Imagem Landsat processada e classificada (2003) mostrando o trajecto do rio Medjerda (Sidi Salem-Laaroussia).

2.   Imagem Landsat 2009

Foi processada e classificada uma imagem Landsat 5 TM, datada de 28 de Novembro de 2009, na composição de bandas 4,5 e 6. A partir desta imagem, foi digitalizado o trajecto e a morfologia do rio Medjerda principal para o ano de 2009 (Figura 22).

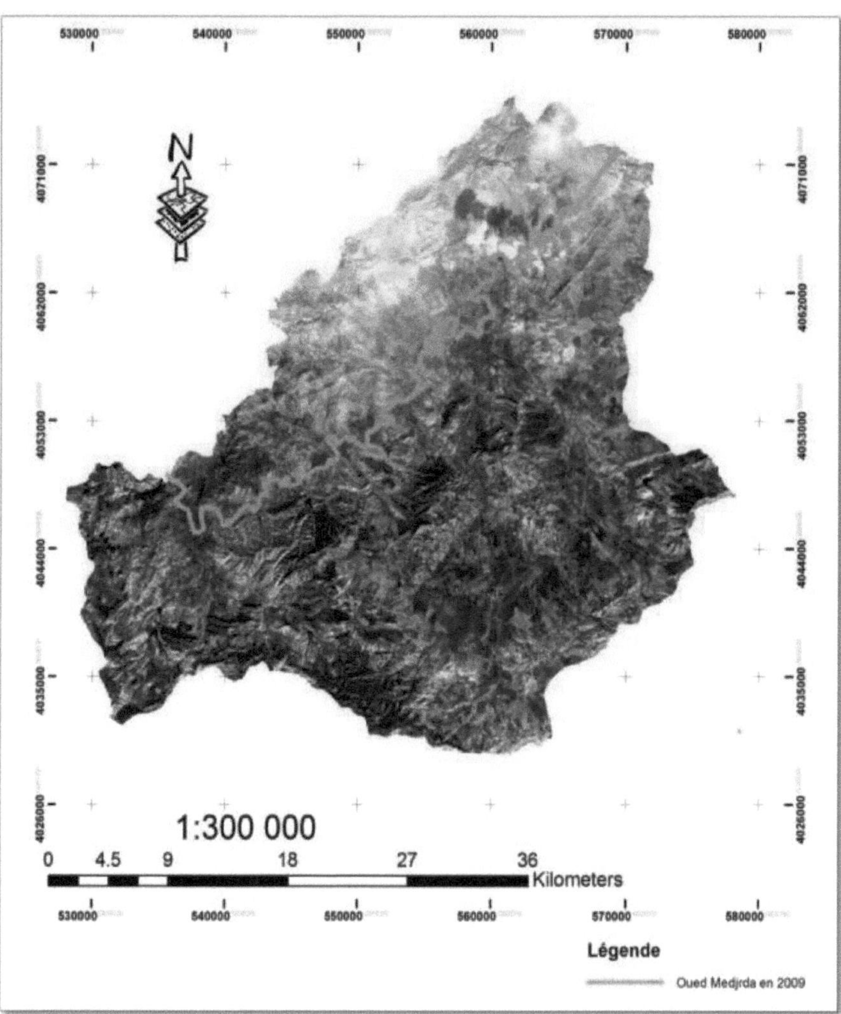

Figura 22: Imagem Landsat processada e classificada (2009) mostrando o trajecto do rio Medjerda (Sidi Salem-Laaroussia).

3.   Imagem Landsat 2013

Foi processada e classificada uma imagem Landsat 8 OLI_TIRS, datada de 25 de Dezembro de 2013 na composição de bandas 6,4 e 2. A partir desta imagem, foi digitalizado o trajecto e a morfologia do rio Medjerda principal para o ano de 2013 (Figura 23).

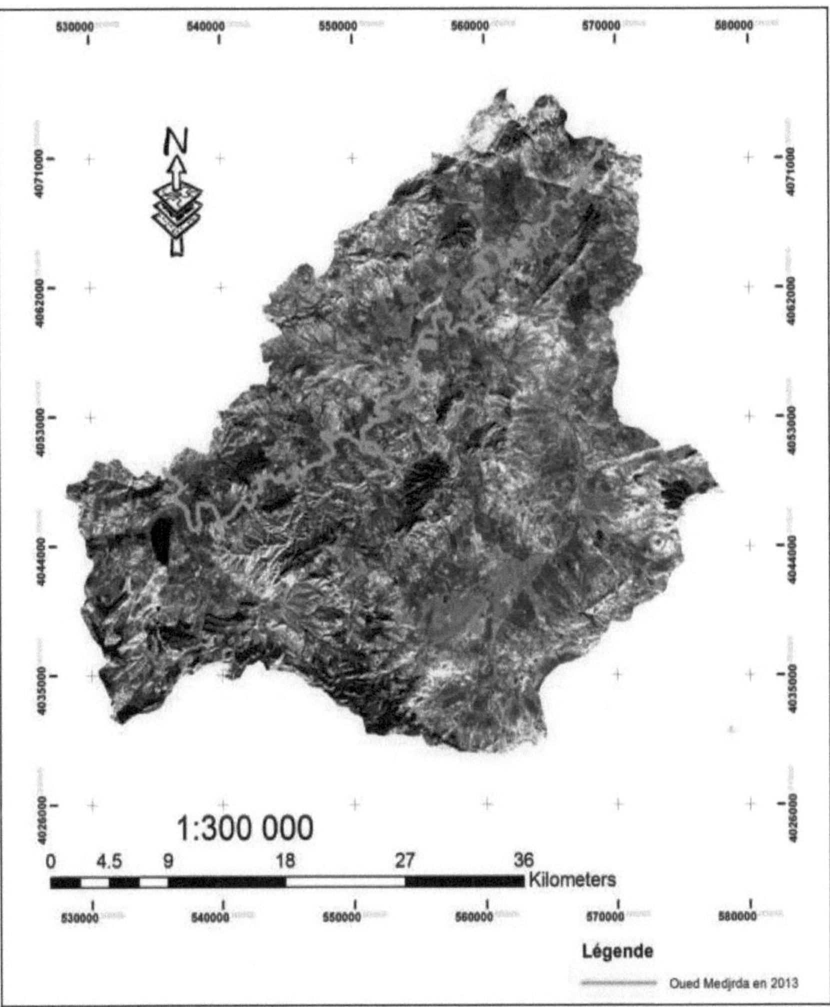

Figura 23. Imagem Landsat processada e classificada (2013) mostrando o trajecto do rio Medjerda (Sidi Salem-Laaroussia).

4. Evolução da morfologia do oued Mejerda entre os anos 2003, 2009 e 2013

Após a interpretação das três imagens Landsat para as três datas e a digitalização do trajecto do wadi para essas datas, à primeira vista não se notam diferenças.

No entanto, procedemos à sobreposição dos três wadis de diferentes anos de aquisição, e sugerimos que isso seria melhor para a interpretação da evolução de Oued Medjerda (secção Sidi Salem-Lâaroussia).

Além disso, através da ferramenta de classificação das imagens de satélite, foi possível detectar zonas de deposição de sedimentos em ambos os lados do leito da secção de estudo. Isto ajudou-nos a justificar os diferentes desenvolvimentos.

Com efeito, as lamas depositadas pelo wadi são de uma cor verde azeitona mais ou menos pálida, homogénea *(Munsell, 1973), o que* não facilita a tarefa de classificação dos sedimentos. Para este efeito, foram utilizadas fotografias aéreas do Google Earth e visitas de campo.

O troço Sidi Salem-Lâaroussia tem 88 km de comprimento, pelo que a visão geral não conduz a uma interpretação válida. Por esta razão, sugere-se que a ferramenta "zoom" seguida de uma varredura na direcção do fluxo de água (a seta vermelha na Figura 24 indica a direcção da varredura) são essenciais neste estudo (Figura 24).

Desde a construção da barragem de Sidi Salem, em 1981, tem-se observado uma rápida subida do leito do wadi de Medjerda a jusante da barragem de Sidi Salem. O depósito de matérias sólidas provoca o estreitamento progressivo das secções de passagem da água. De facto, o caudal que provoca o transbordo desceu para menos de 200 m^3 /s, um valor claramente inferior ao caudal de transbordo existente antes da construção da barragem, que era de 700 m^3 /s (Rjeb et *al.*, 2003).

- Em Testour, há uma aluvião significativa da margem direita do wadi (Figura 24.a)

- Na estação de Slouguia, o tratamento mostrou uma grande quantidade de sedimentos na margem esquerda (Figura 24.b)

- Na estação de Medjez el Bab, ao longo do meandro, verifica-se um estreitamento do leito menor do wadi provocado pela aluvião significativa da margem direita (Figura 24.c)

- Ao chegar à estação de Borj Toumi, há um pequeno depósito em dois bancos (Figura 24.d).

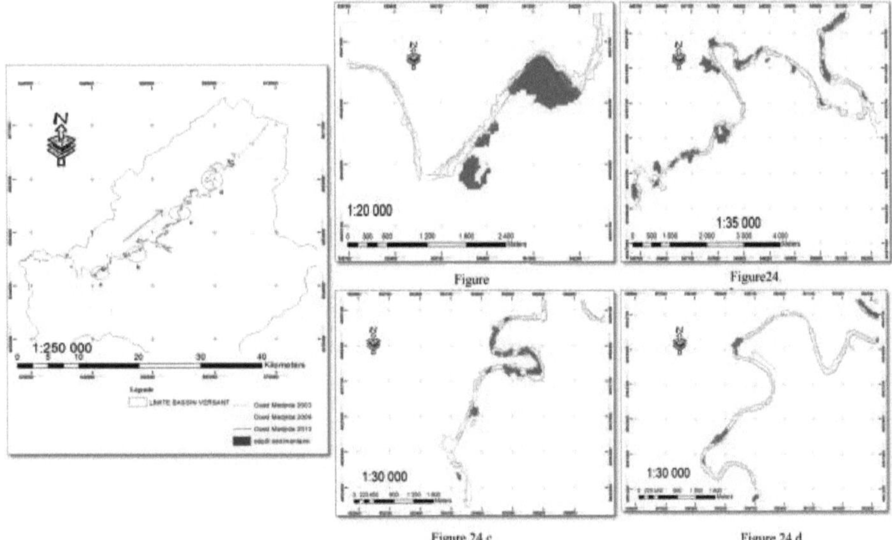

Figura 24. Evolução dos meandros do curso de água do vale médio de Medjerda em função do tempo.

II. Índice de profundidade: DI

O índice de profundidade permitiu-nos avaliar a evolução da profundidade da água ao longo da secção Sidi Salem-Lâaroussia.

Combina o visível e o vermelho, com a seguinte fórmula (Brice, 2012):

$$DI = sqrt\ [(VIS)^2 + RED)\ ]^2$$

Com efeito, o resultado do tratamento das imagens de satélite não é uma imagem, mas medidas de reflectância em comprimentos de onda específicos. Os índices calculados representam escalas que descrevem o conteúdo dos pixéis.

Os resultados são apresentados na Figura 25.

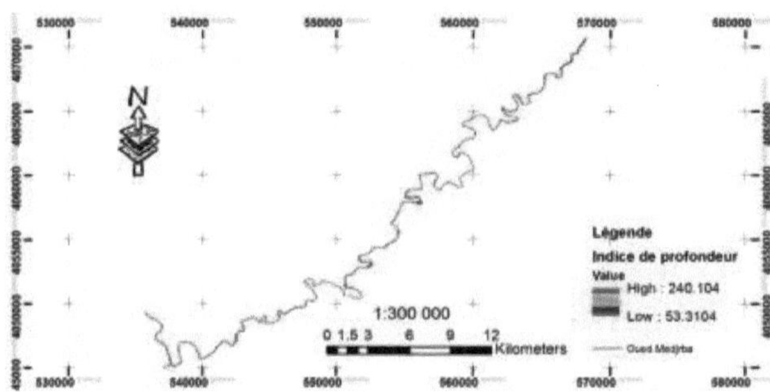

Figura 25 a. Índice de profundidade para o ano de 2003.

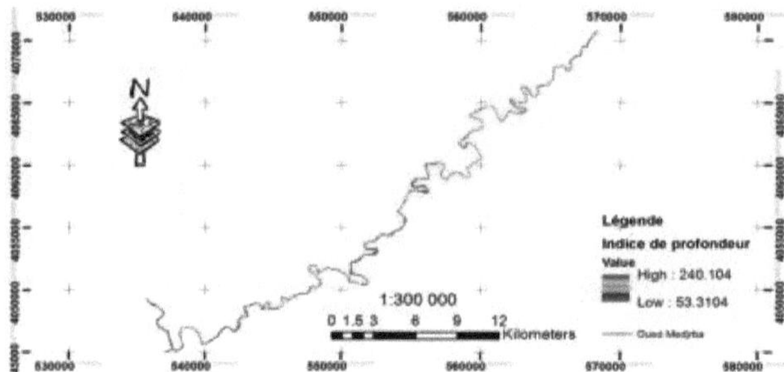

Figura 25 b. Índice de profundidade para o ano de 2009.

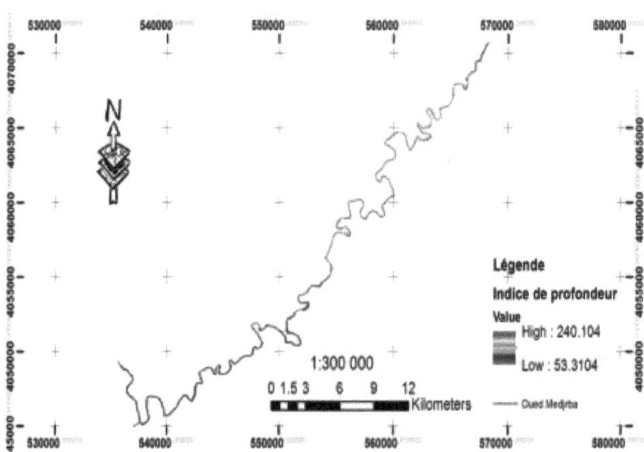

Figura 25 c. Índice de profundidade para o ano de 2013.

Figura 25. Evolução da profundidade do troço Sidi Salem-Lâaroussia.

O fundo do leito menor foi objecto de escavações entre 2003 e 2009 na estação de Medjez Lbab. Quanto à estação de Toumi, a escavação é contínua desde 2003. Seguindo os diferentes tratamentos das imagens de satélite da jusante da barragem de Sidi Salem, constatámos :

- Desde a barragem de Sidi Salem até à minha zona de meandro de Matisse, a aluvião é significativa nas duas margens do Oued.

- A montante da albufeira de Lâaroussia, verifica-se uma clara escavação.

Com efeito, de uma libertação para a outra, verifica-se simultaneamente um fenómeno de aluvião e de escavação do wadi.

III. Índice de vegetação: NDVI

A este nível, utilizámos o cálculo do índice de vegetação mais utilizado, o NDVI (Normalized Difference Vegetation Index). A monitorização regular deste índice permitir-nos-á seguir a evolução da vegetação numa área precisa.

Combina o vermelho R e o infravermelho próximo PIR, tendo a seguinte fórmula (Brice, 2012):

NDVI = (PIR-R)/ (PIR+R)

A extracção de informação é feita em duas etapas essenciais:

-1- **O cálculo do índice** :

É um processo que permite a delimitação de entidades ou zonas homogéneas da imagem. Baseia-se na reflectância do objecto. A partir da imagem resultante, é então possível seleccionar as características correspondentes às diferentes camadas sem ter de redesenhar os contornos.

-2- **classificação**:

Trata-se de um processo de classificação com aprendizagem supervisionada de objectos. O processo de aprendizagem consiste em capturar manualmente a vegetação de acordo com os temas definidos em azulejos que representam um ou mais temas. Esta base de aprendizagem pode ser utilizada para classificar automaticamente a vegetação a pedido do operador.

São necessárias rondas de verificação no terreno para confirmar certos tipos que são difíceis de identificar no ecrã.

Fonte: Imagem Landsat 7 ETM+, datada de 4 de Janeiro de 2003. (Figura 26)

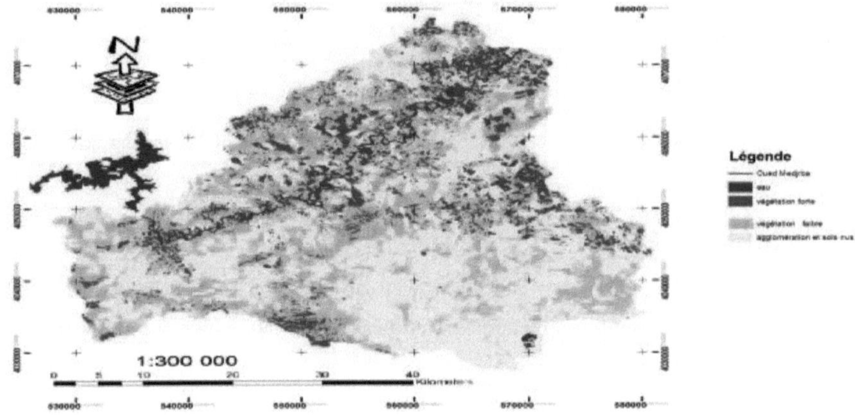

Figura 26. Mapa do índice de vegetação para o ano de 2003.

2. Mapa de vegetação do ano 2009 :

Fonte: Landsat 5 TM, datado de 28 de Novembro de 2009. (Figura 27)

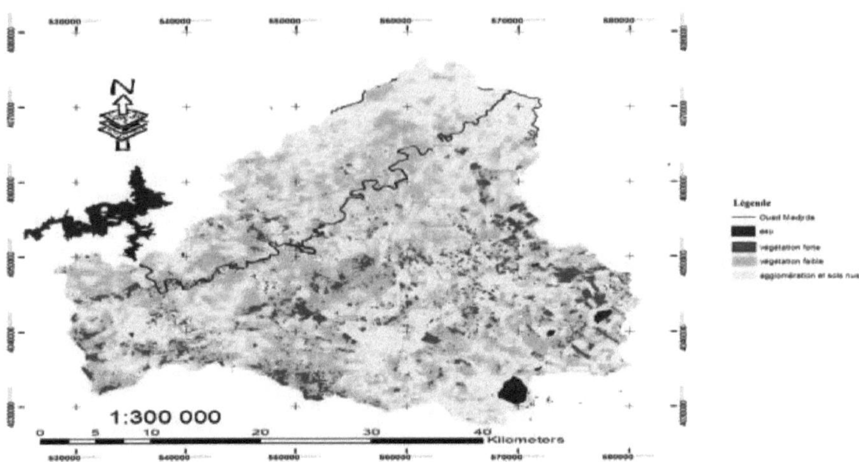

Figura 27. Mapa de índice de vegetação do ano de 2009.

3. Mapa de vegetação do ano 2013 :

Fonte: Landsat 8 OLI_TIRS, datado de 25 de Dezembro de 2013. (Figura 28)

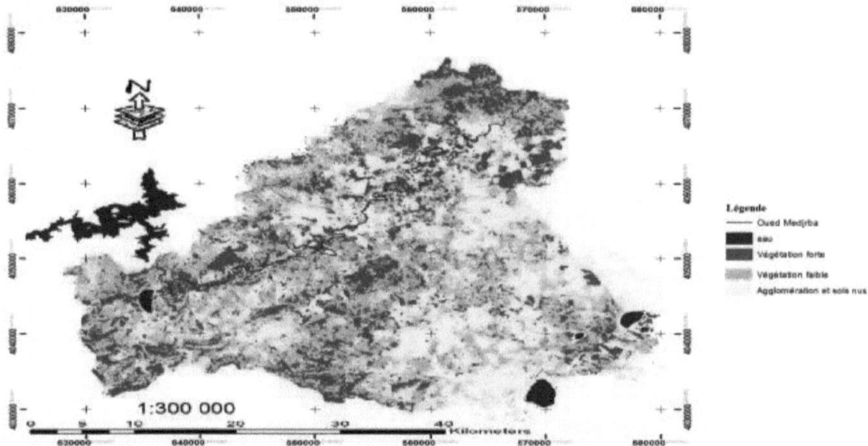

Figura 28. Mapa do índice de vegetação para o ano de 2013.

É de notar que todas as imagens Landsat são adquiridas na mesma estação, o Inverno.

De facto, comparando os mapas de 2003 e 2009, nota-se uma diminuição da densidade da vegetação na margem esquerda do troço Sidi Salem-Lâaroussia. Enquanto o mapa de 2013 apresenta a vegetação mais densa.

No mesmo contexto, constatamos que a vegctação nas duas margens do troço em estudo apresenta uma regressão notável. Com efeito, estas zonas são não só as mais férteis mas também as mais afectadas pelas cheias, daí a diminuição do cultivo nestas zonas.

IV. Índice de blindagem: IC

É considerado mais eficaz do que o índice de brilho na diferenciação entre áreas construídas e não desenvolvidas. A partir deste índice, é possível determinar estradas, zonas urbanizadas e zonas não urbanizadas.

Combina o VERDE e o VERMELHO, com a seguinte fórmula (Brice, 2012):

IC = 3 * V - R - 100

Os mapas seguintes apresentam os resultados da classificação do índice de armadura para os anos de 2003 e 2013. (Figuras 29 e 30)

Esta baseia-se numa cartografia diacrónica do ambiente construído, a fim de melhor compreender a dinâmica do uso do solo e da urbanização. O objectivo é cartografar a extensão das áreas construídas. Para facilitar a comparação e a avaliação da progressão e do desaparecimento da área construída entre as datas seleccionadas. (Figura 31)

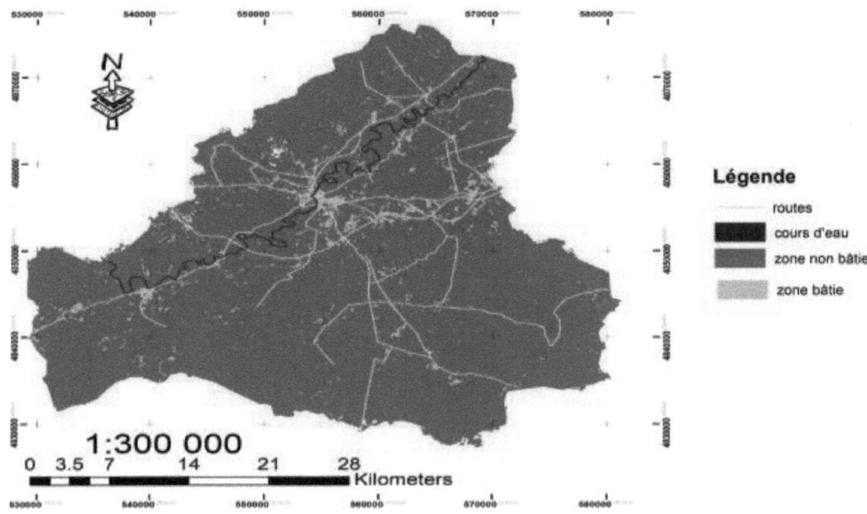

Figura 29. Classificação do índice de blindagem (construído-não construído) para o ano de 2003.

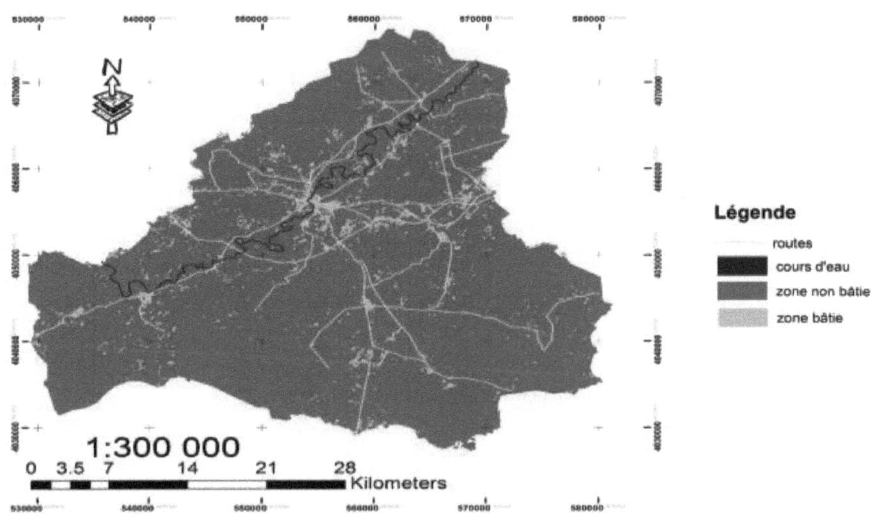

Figura 30. Classificação do índice de blindagem (construído-não construído) no ano de 2013.

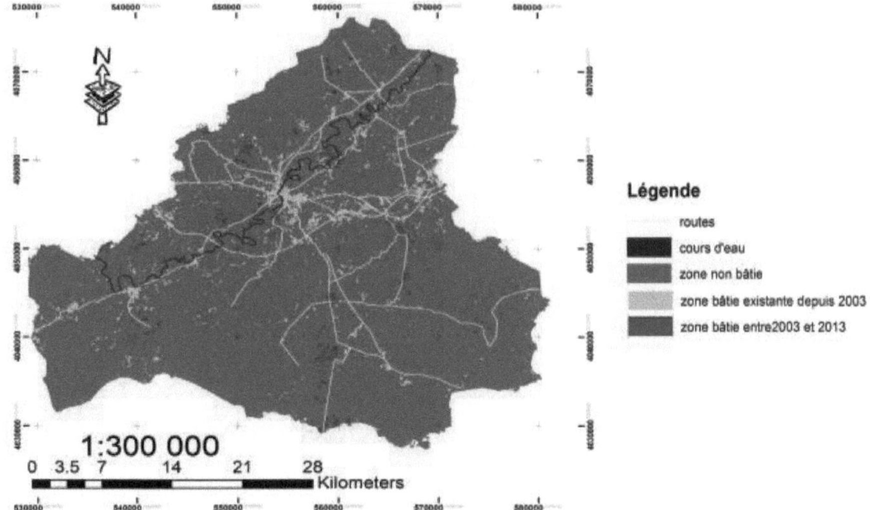

Figura 31. Mapa da evolução da área construída entre 2003 e 2013

Este índice permitiu-nos calcular a percentagem da área construída em ambas as datas.

$$\% \text{ zone bâtie} = \frac{surface\ de\ la\ zone\ bâtie}{surface\ totale\ du\ bassin\ versant} \times 100$$

En 2003 : % zone bâtie = $\frac{64.154}{1468}$ = 4.37 %

En 2013 : % zone bâtie = $\frac{82.41}{1468}$ = 5.61 %

O aumento da área construída parece ter sido não só pequeno (18 km² em 10 anos), mas também muito disperso. Este facto não é surpreendente, uma vez que a nossa área de estudo é uma zona rural caracterizada por uma baixa pressão demográfica e uma elevada capacidade de regeneração do ambiente natural.

Na etapa seguinte, vamos mapear a cobertura do solo da imagem Landsat mais recente de que dispomos (2013).

V. Mapa de utilização do solo :

O mapa de utilização dos solos baseia-se na imagem Landsat mais recente disponível (2013).

*   Secção do wadi de Medjerda Sidi Salem - Lâaroussia

*   A área construída (aglomeração e zonas industriais)

63

- As estradas

- Ponte de Andalus em Medjez Elbab (ALMOURADI)

- Ponte Borj Ettoumi

- Ponte de Esslouguia

- Ponte Estrada Nacional 5

- Culturas arvenses e hortícolas

- Coberto arbóreo

- Oliveiras

- Chão nu

- Depósitos sedimentares

- Sidi Salem Barragem

- Lâaroussia Barragem

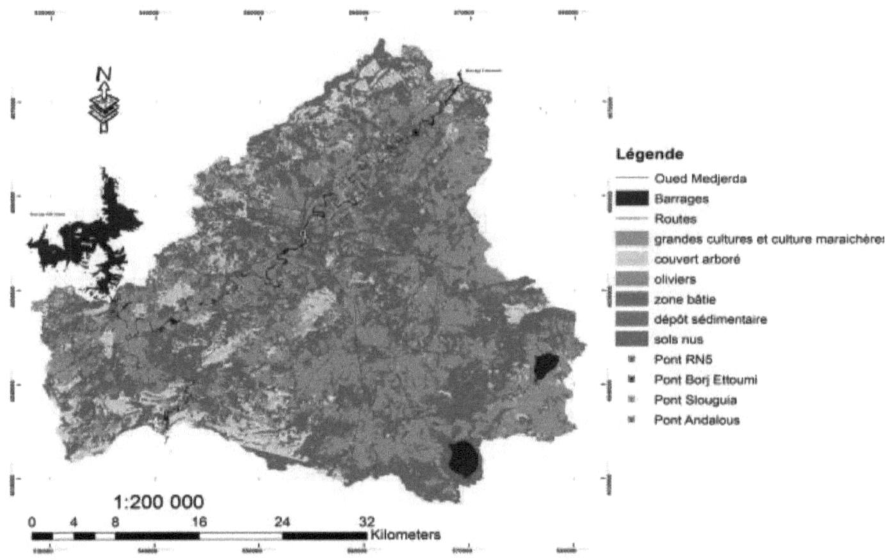

Figura 32. Mapa de uso do solo do ano de 2013.

Conclusão

Neste capítulo, demonstrámos que, a partir de imagens de satélite Landsat, podemos extrair o modelo digital do terreno, delimitar as diferentes áreas de captação topográfica da área de estudo. Além disso, foi possível detectar as diferentes evoluções da morfologia da bacia hidrográfica do vale médio de Medjerda. Os meandros do troço Sidi Salem - Laâroussia foram afectados de forma progressiva e crescente pelo depósito sedimentar em ambos os lados das margens do leito menor devido às descargas da barragem de Sidi Salem.

Além disso, para podermos elaborar a carta de ocupação do solo, recorremos ao cálculo do índice de couraça, que nos deu a evolução da área construída ao longo de 10 anos (entre 2003 e 2013) e do índice de vegetação, que, por sua vez, facilitou a interpretação da evolução da densidade vegetal no mesmo período de tempo.

Capítulo III: Modelação hidráulica e cartografia das zonas inundáveis

Introdução

O principal objectivo desta parte é a cartografia das zonas de inundação do vale médio de Medjerda. Nesta parte do estudo, foi efectuada uma simulação das inundações do troço Sidi Salem-Lâaroussia utilizando os dados de caudal máximo fornecidos pela direcção regional dos recursos hídricos, para a identificação das zonas de inundação. Foi utilizado o software Arc GIS com a extensão HEC-GeoRAS para o pré e pós-processamento dos dados. A simulação da inundação do wadi foi efectuada com o modelo hidráulico HEC-RAS.

I.   Parâmetros básicos de pré-tratamento :

1.   A geometria da secção :

Esta etapa consiste em vectorizar, a partir da imagem de satélite, primeiro a secção central do fluxo de água, seguida do leito menor e finalmente do leito maior.

Há também uma regra muito importante a ter em conta aquando da digitalização com o HEC-GeoRAS: a digitalização é sempre efectuada de montante para jusante e da esquerda para a direita (quando se olha para jusante). Finalmente, a última regra é que nenhum dos seus objectos deve ultrapassar os limites do TIN (Modelo Digital do Terreno) extraído, na primeira parte, da imagem Landsat.

2.   Criação de secções transversais:

O software HEC-GeoRAS armazena as secções transversais na camada 'XSCutLines'. É possível digitalizar o máximo possível, mas quanto mais próximas estiverem umas das outras, mais relevante será a análise do HEC-GeoRAS e o resultado final no Arc GIS. As seguintes restrições de integridade devem também ser escrupulosamente respeitadas: As secções transversais devem ser perpendiculares à direcção do escoamento, devem ser mais largas do que o leito principal, sempre digitalizadas da esquerda para a direita (olhando para jusante) e com um intervalo o mais regular possível. Finalmente, se forem digitalizados obstáculos (pontes, etc.) ao escoamento, deve ser colocado um perfil a montante e outro a jusante.

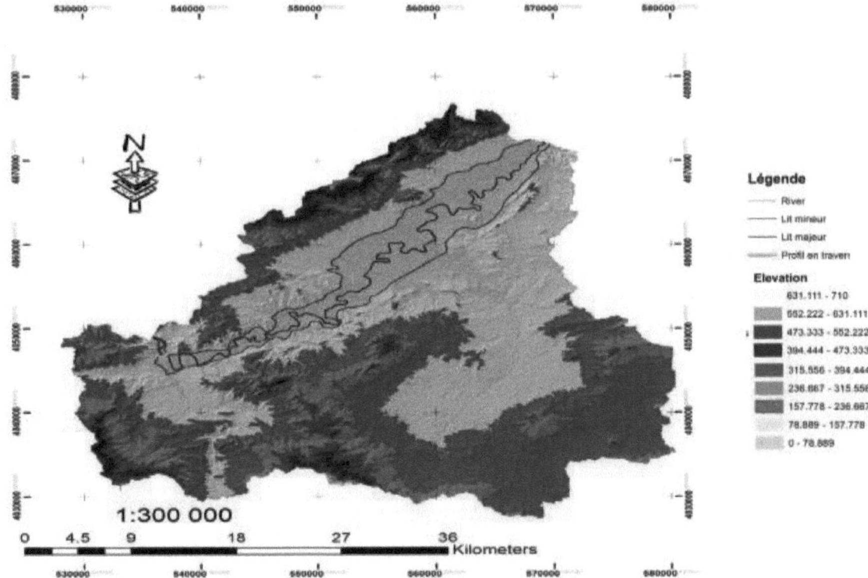

Figura 33. Parâmetros introduzidos durante o pré-processamento com o HEC Geo-RAS

II.   Identificação de obras hidráulicas :

As pontes existentes na secção de estudo do rio têm de ser introduzidas nos dados do software. As características geométricas das pontes existentes na secção de estudo são recolhidas junto da Direcção de Estradas e Pontes.

A simulação nestas estruturas requer a introdução dos seguintes dados:

*   Características geométricas: Comprimento, Largura.

*   O modelo de ponte: empoleirado, suspenso...

*   Parâmetros hidráulicos: coeficiente de dilatação e coeficiente de extracção...

Tabela 5. Características das pontes no troço em estudo (Yousfi, 2003).

Ponte	Rota	Tipo	Comprimento	Número de compartimentos
Borj Ettoumi	RL53 1	Vigas	160	8
andaluz	RN5	Cofre	122	17
Ponte RN5	RN5	Vigas	112	3

| Slouguia | RN5 | Feixe | 140 | 4 |

$\Rightarrow$ Estas pontes são pontes empoleiradas.

$\Rightarrow$ A ponte de Andaluzia apresenta um caso em que a transição é abrupta.

1. Coeficientes de rugosidade :

A rugosidade exprime o estado da superfície de um terreno. Assim, uma zona com muita vegetação tem uma rugosidade elevada (baixo coeficiente de atrito) e os fluxos são retardados. No entanto, o leito de um curso de água constituído por sedimentos finos tem uma rugosidade baixa, o que favorece os fluxos.

No HEC-RAS, os coeficientes de rugosidade são introduzidos como coeficientes de Manning, ou seja, o inverso dos coeficientes de Strickler. Os valores dos coeficientes iniciais foram retirados do manual de referência *do HEC-RAS. (Apêndice 7)*

Estes parâmetros são ajustados por cálculos iterativos para um evento histórico, cuja linha de água é conhecida graças à informação das marcas de inundação, de modo a que o modelo seja o mais representativo possível das características observadas para este evento.

As zonas urbanas densas não estão directamente representadas na geometria do modelo, mas serão tidas em conta através do aumento da rugosidade.

A rugosidade exprime o estado da superfície de um terreno. Assim, uma zona com muita vegetação tem uma rugosidade elevada (baixo coeficiente de atrito) e os fluxos são retardados. No entanto, o leito de um curso de água constituído por sedimentos finos tem uma rugosidade baixa, o que favorece os fluxos.

2. Coeficiente de contracção e expansão :

O software HEC-RAS tem em conta a queda de pressão ao calcular a linha de água. O alargamento e o estreitamento do canal conduzem à expansão e contracção do fluxo. Isto é especialmente evidente quando existem obstáculos e estruturas no curso de água. Os valores dos coeficientes foram retirados do manual de referência *do HEC-RAS.*

Tabela 6. Valores dos coeficientes de contracção e expansão.

Situação	Contracção	Expansão
Não há perda transitória a ser calculada	0	0
Transição gradual	0.1	0.3
Secção típica de ponte	0.3	0.5

Transição abrupta	0.6	0.8

111. Simulação :

Os caudais de simulação escolhidos são os dos períodos de ponta do vale médio de Medjerda.

Estes caudais variam acima de 220 m³ /s (o caudal total antes do transbordo). Assim, para uma cheia recorrente com um período de retorno de 5 anos, o caudal é de 260 m³ /s, para uma cheia de 50 anos o caudal é de 650 m³ /s e para cheias excepcionais com um período de retorno de 100 anos o caudal é igual a 780 m³ /s (Ousli, Mahjoub 2006)

1.   Amortecimento :

a.   Ensaio de calibração :

A fase de calibração do modelo consiste em ajustar os vários parâmetros de cálculo do modelo, nomeadamente os coeficientes de rugosidade do solo (coeficiente de Strickler) e os coeficientes de escoamento das estruturas hidráulicas.

Os parâmetros de rugosidade são inicializados de acordo com a utilização do solo na primeira parte deste estudo. Assim, foi atribuído um coeficiente de rugosidade a cada perfil para cada sector homogéneo (leito maior, leito menor, sector urbanizado, sector rural, etc.).

Para o efeito, o ensaio de calibração é efectuado minimizando o erro relativo.

Com E: Erro relativo

V_{cal}: Valor calculado

V_{obs}: Valor observado

b.   Resultados da calibração :

Como mencionado acima, para a primeira simulação, são adoptados os seguintes valores de rugosidade:

Tableau 7. Valores dos coeficientes de rugosidade para as estações de referência.

Estação	N margens esquerdas	N cama menor	N arestas rectas
Slouguia	0.075	0.02	0.075
Medjez Lbab	0.075	0.0675	0.075
El Herri	0.075	0.0675	0.75
Borj Ettoumi	0.075	0.06	0.075

Variando o valor da rugosidade das diferentes secções, o erro mínimo corresponde aos valores da rugosidade dados pelo quadro seguinte:

Tableau 8. Valores dos coeficientes de rugosidade de calibração para as estações de referência.

Estação	N margens esquerdas	N cama menor	N arestas rectas
Slouguia	0.075	0.027	0.075
MEdjez Lbab	0.075	0.0675	0.075
El Herri	0.09	0.07	0.09
Borj Ettoumi	0.085	0.055	0.085

Os resultados da calibração do nível da água em diferentes estações para os caudais de 260 m^3 /s, 650 m^3 /s e 780 m^3 /s são apresentados na tabela seguinte:

Tabela 9. Regulação do nível de água

Slouguia			
	Altura calculada (m)	Altura observada (m)	Erro
260 m /s^3	6.2	6.68	-7.18562874
650 m /s^3	6.6	6.8	-2.94117647
780 m /s^3	7.5	7.7	-2.5974026
Medjez El Bab			
	Altura calculada (m)	Altura observada (m)	Erro
260 m /s^3	7.24	7.59	-4.6113307
650 m /s^3	7.4	7.8	-5.12820513
780 m /s^3	8.2	8.5	-3.52941176
El Herri			
	Altura calculada (m)	Altura observada (m)	Erro
260 m /s^3	5.51	5.5	0.18181818
650 m /s^3	5.9	5.8	1.72413793
780 m /s^3	6.8	6.8	0
Borj Ettoumi			
	Altura calculada (m)	Altura observada (m)	Erro

260 m /s^3			
650 m /s^3	4.2	4.6	-8.69565217
780 m /s^3			

$\Rightarrow$ O erro absoluto situa-se entre 0% e 9%.

Verifica-se que as alturas calculadas em Slouguia, Medjez Elbab, El Herri e Borj Ettoumi estão subestimadas. A diferença é, de facto, aceitável.

$\Rightarrow$ A distribuição da rugosidade apresenta valores que variam de 0,027 a 0,09. Esta variação é explicada pela variação da cobertura do leito do wadi e pela diversidade da vegetação e sua densidade.

2. Resultados :

O software HEC-RAS permite a apresentação dos resultados da simulação em diferentes formas, tais como o perfil da linha de água calculado para o caudal de simulação escolhido (Figura 34), com os diferentes parâmetros hidráulicos.

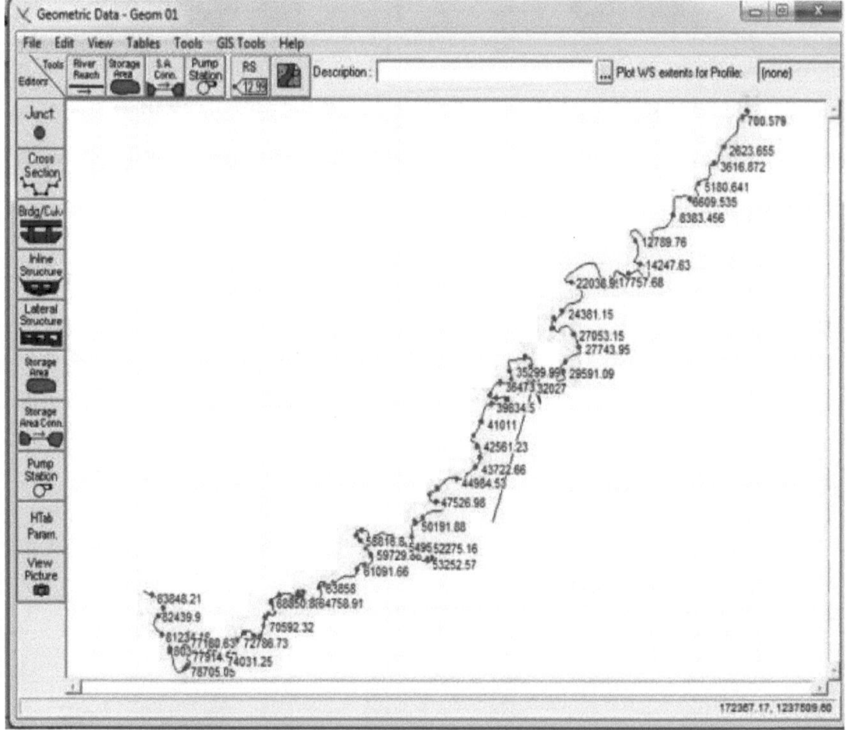

Figura 34. Apresentação do perfil da secção de estudo no HEC-RAS.

a. **Parâmetros hidráulicos** :

Os resultados são visualizados em tabelas (Anexo 8), que mostram principalmente a elevação do leito menor, a elevação da superfície da água, o declive hidráulico, a velocidade e o número de Froude para cada secção.

O quadro em anexo mostra que as velocidades diminuem entre Slouguia e Medjez Elbab. Esta diminuição favorece a deposição de matérias em suspensão, nomeadamente ao nível das pontes.

b. **O perfil da linha de água**

Os resultados são apresentados no quadro seguinte:

Tabela 10. Variação do nível da água.

Q (m /s)³	H Slouguia (m)	H Medjez Elbab (m)	H Herri (m)
260	6.2	7.24	5.51
650	6.6	7.4	5.9
780	7.5	8.2	6.8

Passando de montante para jusante do troço Slouguia Medjez Elbab, verifica-se que, para o mesmo caudal, a altura aumenta ligeiramente. Já em EL Herri, a altura da água diminui.

Com efeito, estima-se que tal se deve à existência das três pontes de Slouguia, Andalous (Mouradi) e da RN5, responsáveis por uma grande perda de carga entre Medjez Elbab e Slouguia.

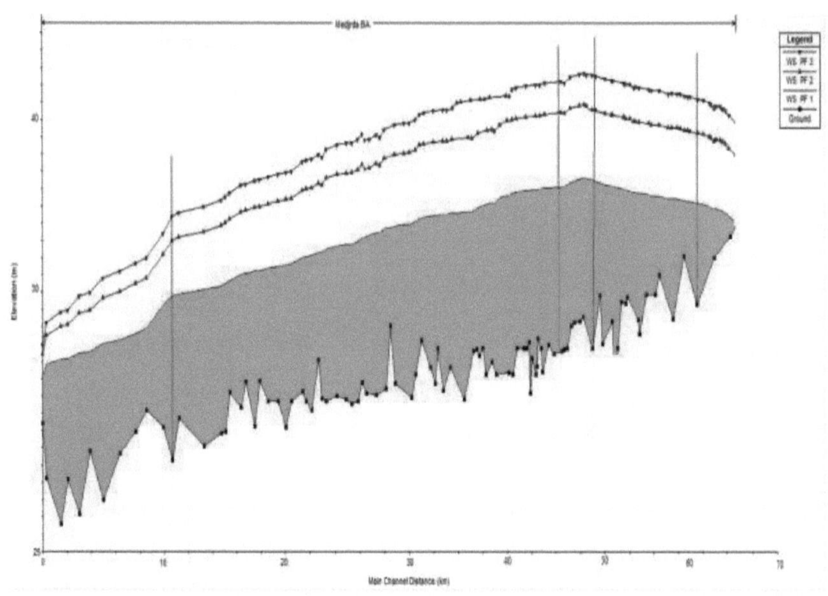

Figura 35. Perfil da linha de água do troço Sidi Salem-Laaroussia

IV. Pós-processamento no HEC Geo-RAS :

Graças à ferramenta Geo-Ras (Ras Mapping), é possível extrair mapas de inundações por superfície e nível de água (Innundation Mapping) e importá-los para o Arc GIS.

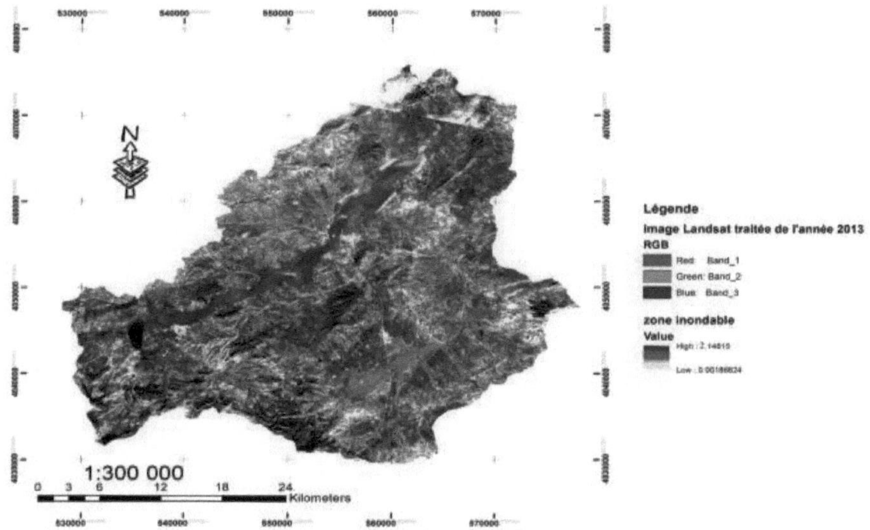

Figura 36. Mapa das zonas inundáveis e nível de água estimado.

Do mapa seguinte (Figura 36) podemos concluir que :

J A inundação começa na zona dos meandros de El Matisse, a cerca de 10 km a jusante da cidade de Medjez-El-Bab.

J A profundidade da água atingiu mais de dois metros nalguns locais.

J Em Medjez-El-Bab, os transbordos começam com um caudal de 700 m3 /s.

J O regime de escoamento é fluvial em toda a extensão e explica em parte a intensidade da deposição de sedimentos.

A erosão e a deposição de sedimentos explicam principalmente a nova distribuição do coeficiente de Manning e a necessidade real de uma nova abordagem que tenha em conta a morfodinâmica do leito do rio.

Conclusão

Neste penúltimo capítulo, foi possível determinar as zonas de inundação e as diferentes alturas de água a partir da simulação hidráulica para três períodos de retorno de 5 anos, 50 anos e 100 anos.

Esta é uma parte importante da cartografia das zonas de risco de inundação no próximo capítulo.

Capítulo IV: A carta de risco de inundação

Introdução

O risco é, portanto, visto como uma medida da situação perigosa que resulta do confronto entre o perigo e as questões em jogo. Esta medida é frequentemente expressa em termos de gravidade e de probabilidade e, tal como para o risco tecnológico, pode ser representada no diagrama de Farmer.

De facto, como indicado na primeira parte (capítulo I,$II), a fórmula habitual para o risco natural é a seguinte:

(Risco) = (perigo) x (problema)

I. As questões :

Actualmente, a maioria dos rios tem uma geometria completamente diferente da que foi moldada pelas cheias passadas. O leito menor foi frequentemente rectificado, represado ou recalibrado. O leito maior foi urbanizado e as infra-estruturas de transporte foram construídas nas planícies aluviais. Os limites físicos de escoamento que os terraços elevados constituíam foram substituídos por diques e aterros rodoviários ou ferroviários. No entanto, pode ocorrer uma cheia excepcional capaz de submergir as estruturas presentes no leito principal. Por isso, é importante ter em conta as zonas que parecem estar protegidas, mas que podem ser afectadas por uma cheia excepcional. (Kreis, 2004)

Todas as questões localizadas nesta zona que são susceptíveis de serem sujeitas a danos relacionados com o perigo são designadas como elementos em risco.

No presente estudo, a avaliação do risco de inundação centrar-se-á nas zonas urbanas, nas infra-estruturas e nas zonas cultivadas. Para o efeito, serão considerados os mapas que representam as áreas construídas, as redes viárias e a distribuição das áreas cultivadas.

Estas questões foram derivadas do mapa de utilização do solo existente (Figura 32), acrescentando simultaneamente os desenvolvimentos existentes na zona de estudo.

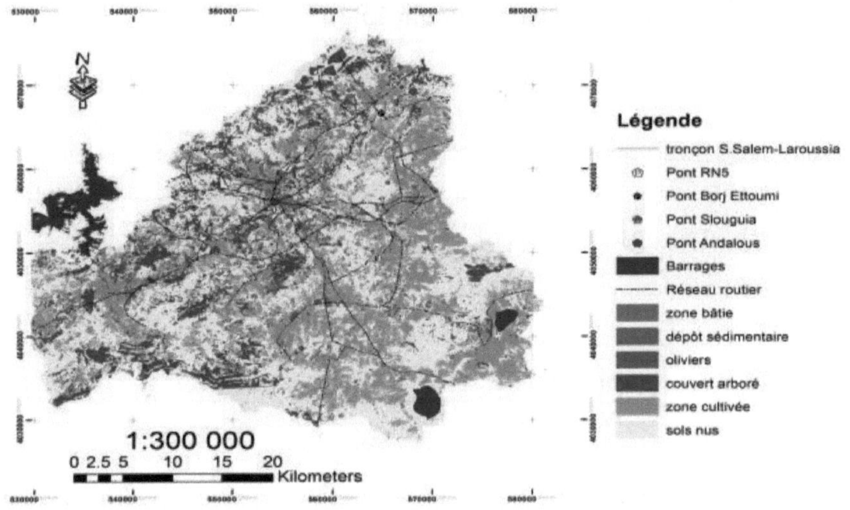

Figura 37. Mapa das questões expostas a inundações.

II.   O risco de inundação :

O perigo é um fenómeno físico, natural e incontrolável de ocorrência e intensidade determinadas. Pode ser caracterizado de acordo com duas componentes, uma frequente (ocorrência) e outra espácio-temporal (intensidade).

De facto, o termo perigosidade refere-se a zonas susceptíveis de inundações mais ou menos importantes e frequentes, na sequência do transbordo natural de um curso de água. O mapa seguinte delimita as zonas que se caracterizam por um dos dois valores de perigosidade propostos: baixo e elevado.

Estes valores foram deduzidos a partir do mapa de extensão da inundação e do nível de água apresentados no capítulo anterior (Figura 36).

Um risco forte significa, no nosso caso, uma inundação extensa que ocorre durante eventos recorrentes e com um nível de água mais ou menos elevado. Quanto ao risco fraco, significa o limite de inundação durante eventos extremos e raros.

A simples sobreposição dos riscos com o mapa de uso do solo mostrou-nos, numa interpretação simples e visual, as áreas potencialmente inundadas.

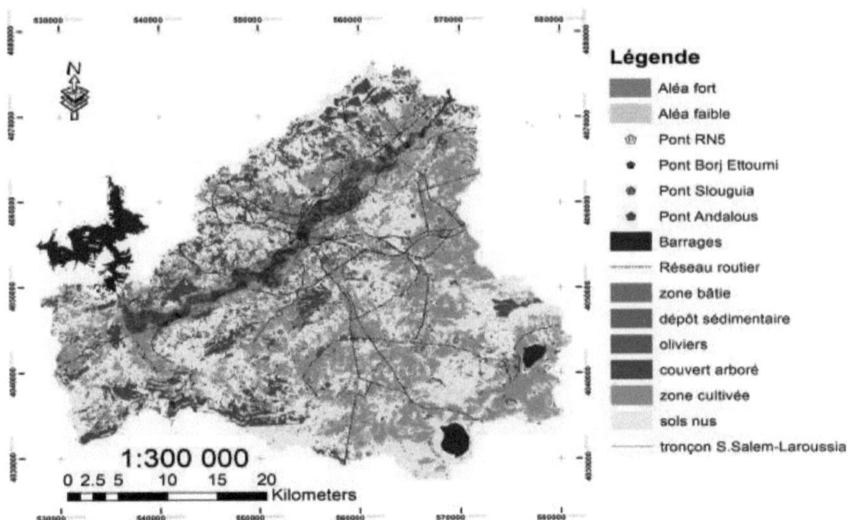

Figura 38. Mapa de risco.

III. O mapa de risco de inundação.

O risco é o resultado de um perigo complexo combinado com a vulnerabilidade (A. DAUPHINÉ, 2001).

No contexto deste estudo, o mapa de risco de inundação é o produto dos dois mapas ilustrados acima, o mapa de problemas e o mapa de perigosidade.

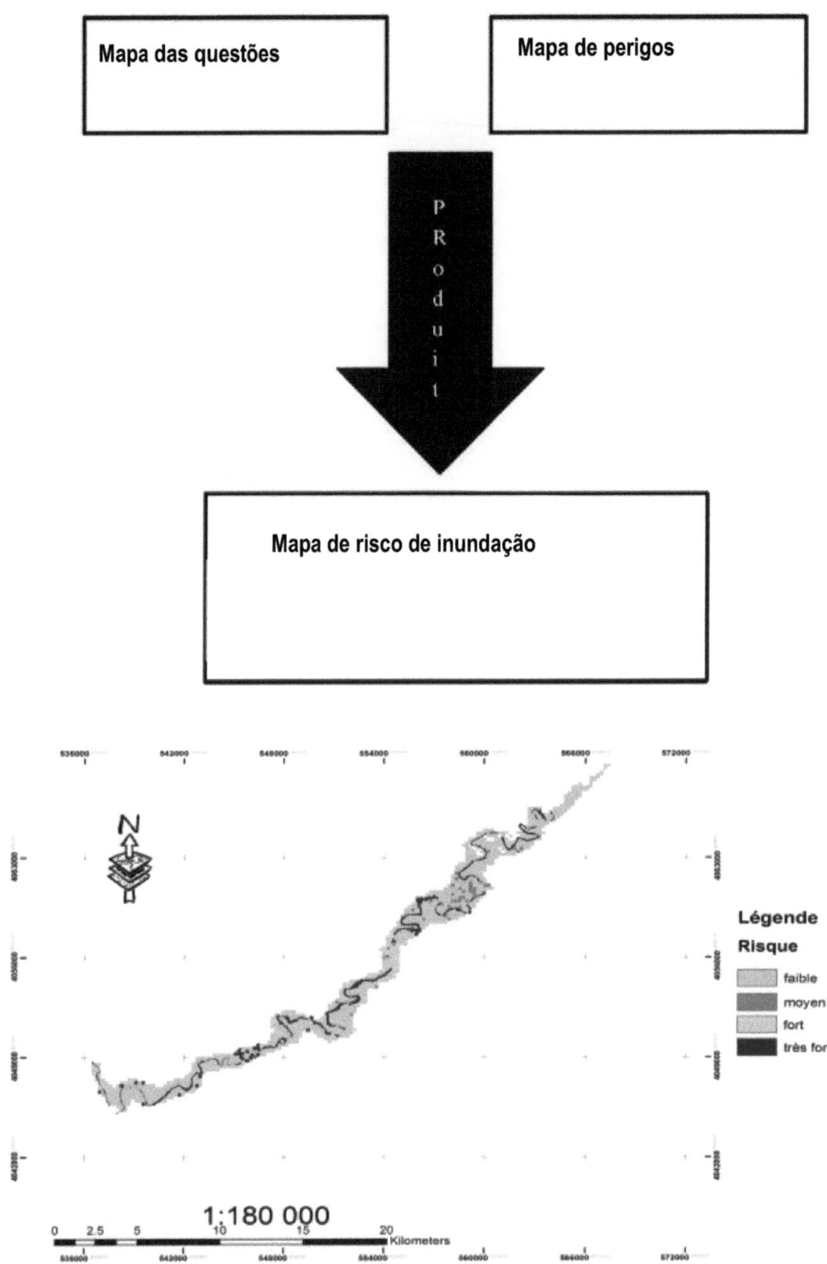

Figura 39. Mapa das zonas de risco de inundação.

O mapa final obtido permitiu-nos detectar as zonas em risco de inundação de acordo com quatro níveis de risco seleccionados (baixo, médio, alto e muito alto). Para um evento frequente (precipitação anual ou bianual), as zonas com elevado risco de inundação (a azul) são as primeiras a ser afectadas. Com a mesma abordagem, as zonas de baixo risco (a rosa) só serão afectadas durante um evento extremo (precipitação de 100 anos).

A área de estudo parece estar sujeita a um risco elevado de inundações nas planícies aluviais adjacentes aos leitos dos rios principais e secundários.

Este mapa mostrou-nos que ao nível da ponte de Slouguia o risco de inundação é muito elevado (cor azul escura). A justificação para este risco elevado não se limita à presença desta ponte, que constitui um obstáculo ao escoamento das águas durante uma cheia, mas justifica-se também pelo aumento da quantidade de depósitos aluvionares nas duas margens do leito menor da secção do Oued (capítulo I da segunda parte).

Do mesmo modo, o mapa de risco de inundação acima referido confirmou que Medjez Elbab apresenta um elevado risco de inundação (cor laranja). Este nível de risco é justificado pelo facto de a zona ter uma elevada aglomeração em comparação com as outras zonas, daí a diminuição da infiltração de água e o aumento do tempo de alagamento. De referir que este estudo não tem em conta o extravasamento das redes de saneamento em zonas urbanas. Relativamente ao meandro de Matisse, este apresenta um nível médio de risco de inundação. Este risco justifica-se por se considerar esta zona como uma área com um elevado índice de saturação de água. Trata-se de um meandro com uma sedimentação mais ou menos elevada e crescente. É verdade que se trata de uma zona fértil e de um campo favorável às culturas, mas também está exposta a inundações frequentes.

Conclusão

Neste capítulo, foi possível determinar as diferentes classes de risco de inundação e detalhar as zonas de risco.

Perante um determinado risco natural, a sociedade deve responder a duas questões fundamentais:

- Qual é o nível de protecção pretendido?

- Que nível de risco pode ser aceite?

Conclusão geral

O objectivo do presente trabalho é a interpretação de imagens de satélite para determinar a evolução da morfologia da bacia hidrográfica do vale médio de Medjerda após as grandes inundações de 2003, 2008 e 2011 e estabelecer o mapa da extensão das inundações e da altura da água, seguido da elaboração do mapa de risco de inundação. Este troço deve então ser modelado de modo a poder simular e testar possíveis cenários através de modelação hidráulica unidimensional.

A ideia motriz era extrair o máximo de dados das imagens de satélite disponíveis e avaliar quaisquer alterações detectadas. Este estudo permitiu determinar a evolução morfológica da secção de estudo do vale médio de Medjerda, tal como a evolução da profundidade do leito do wadi, meandros, contribuições sólidas.

Para além disso, a interpretação das imagens de satélite permitiu-nos estudar a utilização do solo e a sua evolução ao longo do tempo.

Ao integrar os resultados da detecção remota no modelo unidimensional HEC-RAS, foi possível simular cheias a partir de um caudal de 220 m^3 /s (caudal total antes do transbordo).

O parâmetro de calibração do modelo HEC-RAS é o coeficiente de rugosidade (n). Os valores de Manning (n) variam entre 0,02 e 0,04 no leito menor e entre 0,062 e 0,085 nas margens.

Foram testados cenários de libertação de caudais constantes (300 m^3 /s, 650 m^3 /s, 780 m^3 /s) a partir da barragem de Sidi Salem. Os resultados obtidos mostram que o transbordo relativo começa a ser observado a partir de 300 m^3 /s, acentuando-se com um caudal de 650 m^3 /s. As secções de transbordamento concentram-se principalmente na cidade de Medjez El Bab, ao nível da ponte Elmouradi (AlAndalous) e dos meandros Matisse, El Herri e Borj Ettoumi que necessitam de protecção contra eventos semelhantes que possam ocorrer.

As imagens de satélite de alta resolução, como as Quickbird e Spot, podem ser mais fiáveis para proporcionar um grau de certeza mais adequado. No entanto, este estudo pode ser uma referência para estudos que visem reduzir o risco de inundações nas zonas mais afectadas.

Lista bibliográfica

Ali A. & Qadir D. A., 1989, Study of river flood hydrology in Bangladesh with AVHRR data, *International Journal of Remote Sensing,* Vol. 47, pp. 1873-1891.

Amara A, 2012, Etude de la dynamique fluviale de la Medjerda dans le tronçon Sidi Salem Laâroussia, PFE, ESIER.

Ancey C., 2005, Une introduction à la Dynamique des Avalanches et des Écoulements Torrentiels, *Course,* Ecole Polytechnique Fédérale de Lausanne, http://www.toraval.fr/articlePDF/intro-risk.pdf.

Azizi N, 2008, caracterização dos sedimentos e estudo dos mecanismos de transporte sólido em suspensão do rio Medjerda, estudo de caso: secção Slouguia- Elherri, Mestrado, ESIER.

Bates P. D., Horritt M. S., Smith C. N. & Mason D., 1997, Integrating remote sensing observations of floodhydrology and hydraulic modelling, *Hydrological Processes,* Vol. 11 (14), pp. 1777-1795.

Bates P. D., Marks K. J. & Horritt M. S., 2003, Optimal use of high-resolution topographic data in flood flood floodation models, *Hydrological Processes,* Vol. 17 (3), pp. 537-557.

Bonn F. & Rochon G., 1993, Précis de Télédétection - Vol.1 Principes et méthodes, 485.

Bukata R. P., Jerome J. H., Kondratyev K. Y. & Pozdniakov D. V., 1995, Optical Properties and Remote Sensing of Inland and Coastal Waters, *Book,* 362 p.

Brice ANSELM (2012), Processamento digital de imagens de satélite; transformação multiespectral.

CCRS@Canada Centre for Remote Sensing, sítio *Web,* http://ccrs.nrcan.gc.ca/.

Campbell, J.B. (1987) Introduction to Remote Sensing. The Guilford Press, NewYork).

Casenave A. & Valentin C. (1989) - Les états de surface de la zone sahélienne. Ed. ORSTOM, Collection Didactiques, 227 p.

Comissão Interministerial de Terminologia da Teledetecção Aeroespacial, 1988.

Clanzig Stéphane e Yann Chancelier, 2010, La géologie de la Tunisie, Lycée Flaubert, Litho thèque Tunisienne. www.lyceeflaubert-lamarsa.com/lithotheque.

Claude J, Rodier JA, Colombani J e Kallel R, 1981, Le bassin de la Medjerdah, 472pp.

DAUPHINÉ A. (2001) - Riscos e catástrofes: observar, espacializar, compreender, gerir.

Édit. Armand COLIN, Paris, 287 p.

Dhakal A. S., Amada T., Anyia M. & Sharma R. R., 2002, Detection of areas associated with flood and erosion caused by a heavy rainfall using multitemporal Landsat TM data, *Photogrammetric engineering and remote sensing,* Vol. 68, pp. 233-240.

Giacomelli A., Mancini M. & Rosso R., 1995, Assessement of flooded areas from ERS-1 PRI data: An application to the 1994 flood in Northern Italy, *Physics and Chemistry of The Earth,* Vol. 20 (5-6), pp. 469-474

Hechmet H, 1989, CARTE DES RESSOURCES EN EAU DE LA TUNISIE AU 1/200.000 Feuille de Tunis n°5 ; Notice explicative.

Horritt M. S. & Bates P. D., 2002, Evaluation of 1D and 2D numerical models for predicting river flood floodation, *Journal of Hydrology,* Vol. 268 (1-4), pp. 87-99.

Hudson P. F. & Colditz R. R., 2003, Flood delineation in a large and complex alluvial valley, lower Panuco basin, Mexico, *Journal of Hydrology,* Vol. 280 (1-4), pp. 229-245.

Imhoff M. L., Vermillion C., Story M. H., Choudhury A. M., Gafoor A. & Polcyn F., 1987, Monsoon flood boundary delineation and damage assessment using space borne imaging radar and Landsat data, *Photogrammetric Engineering and Remote Sensing,* Vol. 47, pp. 405-413.

Joveniaux S., 1986, Etude et suivi des inondes : utilisation de la télédétection spatiale, *Report,* Institut de Mécanique des fluides de Strasbourg.

Kreis N, 2004, Modelling floods in mid-mountain rivers for integrated flood risk management, 350 pp.

Lillesand, T.M. e Kiefer, R.W. (1994) Remote Sensing and Image Interpretation. John Wiley and Sons Inc, Nova Iorque.

Lamachère J.M. and Puech C. (1995) - Remote sensing and regionalization of soil runoff and infiltration in Sahelian and North Sudanian Africa. In: Regionalisation en hydrologie, application au développement; ed. scient. L. Le Barbé e E. Servat. Actas das Villes journées hydrologiques de l'ORSTOM, Montpellier, 22-23 de Setembro de 1992; ORSTOM Editions, colloques et séminaires: 205-228.

Maurel P., 2001, Bases da Televisão, Curso, DEA SEEC.

MEDD-PRIM@Portail de la prévention des risques majeurs, Ministério da Ecologia e do Desenvolvimento Sustentável, sítio Web, http://www.prim.net/.

Moussa M. & Laranier R., 2004, Apport des systèmes d'information géographique et de la télédétection à l'analyse du risque d'inondation dans la ville de Saint-Louis du Sénégal, Actes de colloque, Géo risques et télédétection, Ottawa, Canada, pp. 139-141.

Ochir Altansukh, 2012, Delineação do rio Tuul e da sua área de captação a partir de imagens de satélite.

Puech C. & Vidal A., 1995, Proceedings, CEMAGREF-FAO expert consultation on the Use of Remote Sensing Techniques in Irrigation and Drainage, FAO water reports, 4, Montpellier, pp. 151-154.

Rango A. & Anderson A. T., 1974, Flood hazard studies in the Mississippi River basin using remote sensing, Water Resources Bulletin, Vol. 47, pp. 1060-1081.

Russ, John C. (1995) The Image Processing Handbook. 2ª edição. CRC Press, Baca Raton.

Smith L. C., 1997, Satellite remote sensing of river floodation area, stage and discharge: a review, Hydrological processes, Vol. 11, pp. 1427-1439.

Smith L. C., 1997, Satellite remote sensing of river floodation area, stage and discharge: a review, Hydrological processes, Vol. 11, pp. 1427-1439.

Torterotot J. P., 1993, Le coût des dommages dus aux inondations : Estimation et analyse des incertitudes, tese de doutoramento, especialidade Sciences et Techniques de l'Environnement, Ecole Nationale des Ponts et Chaussées, 284 p. + anexos.

Tholey N., Clandillon S. & DeFraipont P., 1997, The contribution of spaceborne SAR and optical data in monitoring flood events: Examples in northern and southern France, Hydrological Processes, Vol. 11 (10), pp. 1409-1413.

Tralli D. M., Blom R. G., Zlotnicki V., Donnellan A. & Evans D. L., 2005, Satellite remote sensing of earthquake, volcano, flood, landslide and coastal floodation hazards, Isprs Journal of Photogrammetry and Remote Sensing, Vol. 59 (4), pp. 185-198.

USGS@Manning n referência em linha: Verified Roughness Characteristics of Natural Channels, sítio Web,

http://wwwrcamnl.wr.usgs.gov/sws/fieldmethods/Indirects/nvalues/index.htm.

USACE, 2005a, Manual de Referência Hidráulica do HEC RAS.

USACE, 2005b, Manual do Utilizador do HEC RAS.

Vidal J.-P., 2005, Validation opérationnelle en hydraulique fluviale - Approche par un système à base de connaissance, Tese de doutoramento, Institut National Polytechnique de Toulouse, HHLY-Cemagref, 303 p. 303 p. + apêndices.

Yousfi A, 2003, simulação dos caudais de Medjerda a jusante da barragem de Sidi Salem e cartografia das inundações, PFE, INAT.

84

Anexos

Apêndice 1. Exemplo de correcções radiométricas.

⇒ Imagem Landsat ETM+ do ano 2013

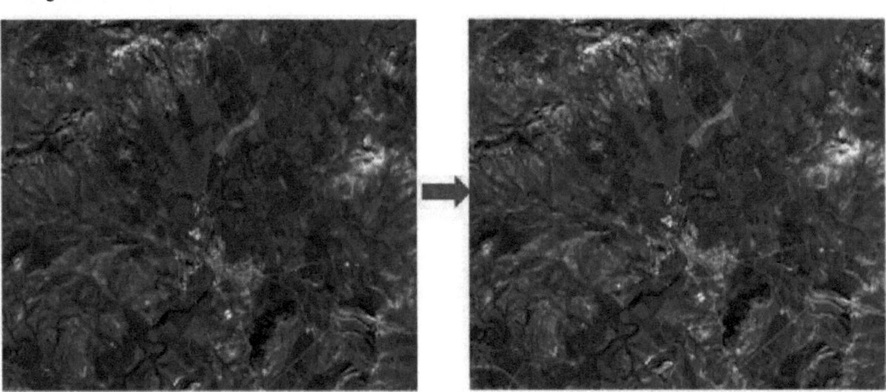

Apêndice 2. Exemplo de Streshing.

⇒ Imagem Landsat ETM+ do ano 2013

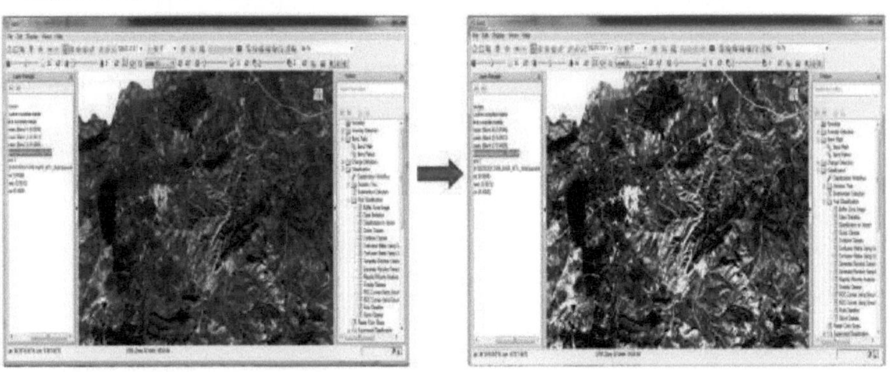

Apêndice 3. Curva hipsométrica

Altitude (CN) (m)	% da superfície Acumulada
45	100
50	93.81
100	76.66
150	55.82
200	33.54
250	19.6
300	11.83
350	7.56
400	4.8
450	2.5
500	1.08
550	0.46
600	0.18
650	0.03
700	0

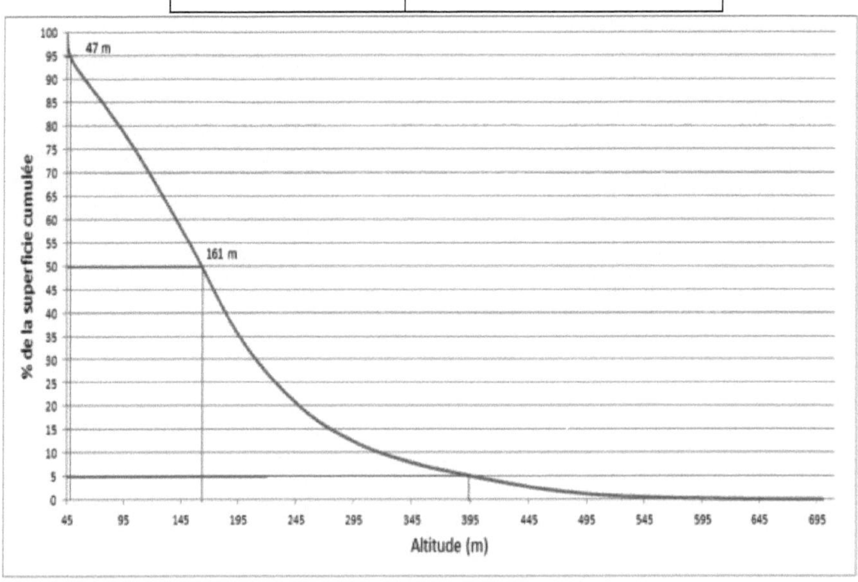

Anexo 4. Tabela de classificação da correspondência entre a forma da bacia e os valores de Kp.

Intervalo de Kp	Forma da bacia hidrográfica
1.00 à 1.25	circular a bastante alongado
1.25 à 1.50	bastante longo a longo
1.50 à 1.75	alongado a muito alongado

Anexo 5. Tabela de classificação do relevo de acordo com o índice Ig.

relevo muito baixo	$Ig < 0{,}002$
baixo relevo	$0{,}002 < Ig < 0{,}005$
baixo relevo	$0{,}005 < Ig < 0{,}01$
alívio moderado	$0{,}01 < Ig < 0{,}02$
relevo bastante forte	$0{,}02 < Ig < 0{,}05$
forte alívio	$0{,}05 < Ig < 0{,}1$
relevo muito forte	$Ig > 0{,}1$

Apêndice 6. Tabela de classificação de Emberger.

Pavimentos bioclimáticos	Q
Hiper-húmido	$Q > 170$
Húmido	$110 < Q < 170$
Sub-húmido	$70 < Q < 110$
Alto semi-árido	$50 < Q < 70$
Baixo semi-árido	$30 < Q < 50$
Árido	$10 < Q < 30$
Saara	$Q < 10$

Anexo 7. Coeficiente de Manning do manual HEC-RAS.

Type of Channel and Description			Minimum	Normal	Maximum
A. *Natural Streams*					
1. Main Channels					
a. Clean, straight, full, no rifts or deep pools			0.025	0.030	0.033
b. Same as above, but more stones and weeds			0.030	0.035	0.040
c. Clean, winding, some pools and shoals			0.033	0.040	0.045
d. Same as above, but some weeds and stones			0.035	0.045	0.050
e. Same as above, lower stages, more ineffective slopes and sections			0.040	0.048	0.055
f. Same as "d" but more stones			0.045	0.050	0.060
g. Sluggish reaches, weedy. deep pools			0.050	0.070	0.080
h. Very weedy reaches, deep pools, or floodways with heavy stands of timber and brush			0.070	0.100	0.150
2. Flood Plains					
a.	Pasture no brush				
	1.	Short grass	0.025	0.030	0.035
	2.	High grass	0.030	0.035	0.050
b.	Cultivated areas				
	1.	No crop	0.020	0.030	0.040
	2.	Mature row crops	0.025	0.035	0.045
	3.	Mature field crops	0.030	0.040	0.050
c.	Brush				
	1.	Scattered brush, heavy weeds	0.035	0.050	0.070
	2.	Light brush and trees, in winter	0.035	0.050	0.060
	3.	Light brush and trees, in summer	0.040	0.060	0.080
	4.	Medium to dense brush, in winter	0.045	0.070	0.110
	5.	Medium to dense brush, in summer	0.070	0.100	0.160
d.	Trees				
	1.	Cleared land with tree stumps, no sprouts	0.030	0.040	0.050
	2.	Same as above, but heavy sprouts	0.050	0.060	0.080
	3.	Heavy stand of timber, few down trees, little undergrowth, flow below branches	0.080	0.100	0.120
	4.	Same as above, but with flow into branches	0.100	0.120	0.160
	5.	Dense willows, summer, straight	0.110	0.150	0.200
3. Mountain Streams, no vegetation in channel, banks usually steep, with trees and brush on banks submerged					
a.	Bottom: gravels, cobbles, and few boulders		0.030	0.040	0.050
b.	Bottom: cobbles with large boulders		0.040	0.050	0.070

Type of Channel and Description	Minimum	Normal	Maximum
B. *Lined or Built-Up Channels*			
1. Concrete			
a. Trowel finish	0.011	0.013	0.015
b. Float Finish	0.013	0.015	0.016
c. Finished, with gravel bottom	0.015	0.017	0.020
d. Unfinished	0.014	0.017	0.020
e. Gunite, good section	0.016	0.019	0.023
f. Gunite, wavy section	0.018	0.022	0.025
g. On good excavated rock	0.017	0.020	
h. On irregular excavated rock	0.022	0.027	
2. Concrete bottom float finished with sides of:			
a. Dressed stone in mortar	0.015	0.017	0.020
b. Random stone in mortar	0.017	0.020	0.024
c. Cement rubble masonry, plastered	0.016	0.020	0.024
d. Cement rubble masonry	0.020	0.025	0.030
e. Dry rubble on riprap	0.020	0.030	0.035
3. Gravel bottom with sides of:			
a. Formed concrete	0.017	0.020	0.025
b. Random stone in mortar	0.020	0.023	0.026
c. Dry rubble or riprap	0.023	0.033	0.036
4. Brick			
a. Glazed	0.011	0.013	0.015
b. In cement mortar	0.012	0.015	0.018
5. Metal			
a. Smooth steel surfaces	0.011	0.012	0.014
b. Corrugated metal	0.021	0.025	0.030
6. Asphalt			
a. Smooth	0.013	0.013	
b. Rough	0.016	0.016	
7. Vegetal lining	0.030		0.500

Type of Channel and Description	Minimum	Normal	Maximum
C. *Excavated or Dredged Channels*			
1. Earth, straight and uniform			
a. Clean, recently completed	0.016	0.018	0.020
b. Clean, after weathering	0.018	0.022	0.025
c. Gravel, uniform section, clean	0.022	0.025	0.030
d. With short grass, few weeds	0.022	0.027	0.033
2. Earth, winding and sluggish			
a. No vegetation	0.023	0.025	0.030
b. Grass, some weeds	0.025	0.030	0.033
c. Dense weeds or aquatic plants in deep channels	0.030	0.035	0.040
d. Earth bottom and rubble side	0.028	0.030	0.035
e. Stony bottom and weedy banks	0.025	0.035	0.040
f. Cobble bottom and clean sides	0.030	0.040	0.050
3. Dragline-excavated or dredged			
a. No vegetation	0.025	0.028	0.033
b. Light brush on banks	0.035	0.050	0.060
4. Rock cuts			
a. Smooth and uniform	0.025	0.035	0.040
b. Jagged and irregular	0.035	0.040	0.050
5. Channels not maintained, weeds and brush			
a. Clean bottom, brush on sides	0.040	0.050	0.080
b. Same as above, highest stage of flow	0.045	0.070	0.110
c. Dense weeds, high as flow depth	0.050	0.080	0.120
d. Dense brush, high stage	0.080	0.100	0.140

Apêndice 8. Parâmetros calculados no HEC-RAS durante as simulações.

Apêndice 8.1. Parâmetros calculados no HEC-RAS durante a simulação para um caudal de 260 m /s.[3]

Reach	River Sta	Q Total (m3/s)	Min Ch El (m)	W.S. Elev (m)	E.G. Elev (m)	E.G. Slope (m/m)	Vel Chnl (m/s)	Flow Area (m2)	Top Width (m)	Froude # Chl
BA	83848.21	260	19.81	27.6	27.65	0.000433	1.15	320.49	50.27	0.14
BA	82974.85	260	21.01	27.43	27.5	0.000722	1.28	275.34	55.64	0.17
BA	82439.9	260	19.86	27.37	27.41	0.000354	1.06	350.32	47.88	0.12
BA	81234.16	260	19.86	27.18	27.24	0.000502	1.25	298.73	42.55	0.15
BA	80343.55	260	17.57	27.1	27.13	0.000263	1.03	378.75	47.51	0.11
BA	80182.37	260	18.42	27.09	27.12	0.000243	0.92	408.57	55.25	0.1
BA	78705.05	260	19.71	26.92	26.97	0.000446	1.14	324.08	47.47	0.14
BA	78479.98	260	19.36	26.88	26.94	0.000495	1.25	297.31	41.51	0.15
BA	77914.52	260	19.43	26.82	26.86	0.000345	0.98	358.46	50.82	0.12
BA	77400.86	260	16.76	26.71	26.78	0.000583	1.5	264.29	32.23	0.16
BA	77180.63	260	12.73	26.73	26.75	0.000117	0.83	463.16	38.45	0.07
BA	76655.31	260	18.31	26.68	26.72	0.000353	1.15	342.56	43.72	0.13
BA	75371.32	260	17.02	26.58	26.61	0.000209	0.94	424.57	53.53	0.1
BA	75059.63	260	19.81	26.52	26.58	0.000696	1.09	276.11	40.63	0.13
BA	74031.25	260	16.76	26.49	26.5	0.000088	0.62	610.48	74.71	0.06
BA	72786.73	260	18.57	26.37	26.43	0.000553	1.29	290.13	38.56	0.15
BA	72298.93	260	18.31	26.36	26.38	0.000157	0.75	488.68	60.81	0.08
BA	71563.65	260	18.28	26.32	26.34	0.00015	0.73	506.63	63.55	0.08
BA	71163.23	260	18.05	26.31	26.33	0.000134	0.67	526.44	71.68	0.08
BA	70592.32	260	16.76	26.24	26.29	0.000337	1.18	335.12	41.2	0.12
BA	70153.8	260	16.69	26.2	26.24	0.000323	1.16	338.47	40.1	0.12
BA	69869.56	260	16.6	26.19	26.22	0.000189	0.92	416.34	44.86	0.09
BA	68850.88	260	16.44	26.08	26.13	0.000358	1.18	331.24	36.98	0.13
BA	68097.29	260	16.99	26.02	26.06	0.000277	1.06	363.11	40.8	0.11
BA	67237.16	260	15.42	25.93	25.98	0.000278	1.16	330.76	33.17	0.12
BA	67071.61	260	16.76	25.87	25.96	0.00059	1.49	242.51	28.83	0.16
BA	66712.72	260	17.31	25.74	25.87	0.001172	2.05	204.28	25.6	0.23
BA	66502.64	260	15.73	25.77	25.81	0.000285	1.15	352.94	36.16	0.12
BA	66349.34	260	15.24	25.77	25.8	0.000182	0.93	424.87	45.17	0.09
BA	65891.16	260	16.18	25.75	25.77	0.000168	0.84	452.3	47.31	0.09
BA	65613.67	260	14.17	25.7	25.75	0.000297	1.25	331.53	31.88	0.12
BA	65454.99	260	17.1	25.67	25.73	0.000488	1.34	292.43	35.92	0.15
BA	65122.69	260	16.76	25.57	25.66	0.001018	1.23	225.96	27.77	0.13
BA	64758.91	260	16.76	25.4	25.53	0.001499	1.66	191.83	23.55	0.18
BA	63858	260	16.76	25.06	25.16	0.001254	1.47	213.77	28.65	0.17
BA	63293.18	260	15.24	25.06	25.08	0.000131	0.76	510.14	57.44	0.08
BA	62726.79	260	15.37	25.03	25.06	0.000192	0.92	419.62	46.74	0.1
BA	61091.66	260	15.24	24.94	24.97	0.000178	0.89	443.9	54.69	0.09
BA	60491.35	260	15.98	24.92	24.94	0.0001	0.62	582.59	67.8	0.07
BA	59729.88	260	15.24	24.86	24.9	0.000303	1.13	354.48	43.39	0.12
BA	59310.32	260	16.77	24.69	24.82	0.001075	1.81	198.5	29.02	0.21
BA	58816.8	260	16.33	24.69	24.72	0.000262	0.96	393.81	49.67	0.11
BA	58482.47	260	16.7	24.63	24.69	0.000428	1.2	313.83	40.09	0.14
BA	57985.86	260	16.62	24.6	24.63	0.00027	0.97	395.66	54.68	0.11
BA	56758.19	260	13.83	24.55	24.56	0.000108	0.74	526.18	55.47	0.07
BA	54951.46	260	15.66	24.45	24.48	0.000232	0.95	411.2	50.75	0.1
BA	53987.75	260	14.32	24.31	24.38	0.000531	1.57	272.34	28.48	0.16
BA	53252.57	260	16.76	23.97	24.15	0.002547	1.88	162.58	26.55	0.22
BA	52870.24	260	14.73	24.02	24.04	0.0002	0.85	495.19	91.57	0.09
BA	52275.16	260	15.65	23.95	23.99	0.000324	1.07	362.35	47.18	0.12
BA	51019	260	17.24	23.77	23.82	0.000701	1.18	303.07	58.4	0.16

Reach	River Sta	Q Total	Min Ch El	W.S. Elev	E.G. Elev	E.G. Slope	Vel Chnl	Flow Area	Top Width	Froude # Chl
BA	50191.88	260	15.24	23.48	23.58	0.001202	1.37	212.11	25.75	0.15
BA	49724.13	260	13.92	23.51	23.53	0.000078	0.58	654.62	75.32	0.06
BA	47526.98	260	14.73	23.43	23.45	0.000166	0.79	474.9	56.61	0.09
BA	46916.46	260	18.08	23.33	23.39	0.000742	1.21	282.01	51.04	0.17
BA	46287.4	260	14.44	23.33	23.34	0.000091	0.59	616.11	71.49	0.06
BA	44984.53	260	14.07	23.28	23.29	0.000138	0.74	512.07	61.01	0.08
BA	43722.66	260	14.18	23.21	23.23	0.000194	0.88	436.34	49.79	0.09
BA	43180.79	260	14.81	23.16	23.19	0.00028	1.01	376.68	45.51	0.11
BA	42561.23	260	13.72	22.95	23.08	0.001475	1.7	190.98	24.07	0.18
BA	41790.33	260	13.54	22.78	22.84	0.000584	1.29	283.81	34.12	0.15
BA	41011	260	13.83	22.76	22.77	0.000131	0.73	528.93	63.65	0.08
BA	39834.5	260	14	22.69	22.72	0.000209	0.9	430.27	51.52	0.1
BA	38438.09	260	13.72	22.53	22.58	0.000511	0.95	296.84	33.67	0.1
BA	37849.79	260	13.85	22.29	22.45	0.001129	2.02	194.74	24.41	0.23
BA	37376.59	260	16.11	22.3	22.33	0.000305	0.84	397.85	56.93	0.11
BA	36473.56	260	13.18	22.13	22.2	0.000732	1.12	255.35	28.62	0.12
BA	35723.82	260	13.72	22.07	22.1	0.000257	0.91	421.44	59.76	0.1
BA	35299.99	260	14.27	21.99	22.05	0.000572	1.33	293.84	39.43	0.16
BA	33843.18	260	13.72	21.61	21.69	0.001002	1.28	229.63	29.1	0.15
BA	33084.58	260	12.19	21.55	21.58	0.000216	0.96	404.22	45.97	0.1
BA	32027	260	13.69	21.47	21.5	0.000254	0.57	394.84	46.03	0.07
BA	30751.24	260	13.72	21.36	21.39	0.000321	0.71	374.9	48.88	0.08
BA	29591.09	260	14.92	21.24	21.28	0.000341	0.92	375.36	54.93	0.12
BA	28928.12	260	12.23	21.2	21.23	0.000167	0.83	456.13	51.04	0.09
BA	27743.95	260	14.83	21.06	21.12	0.000619	1.19	289.07	43.61	0.16
BA	27053.15	260	13.34	20.99	21.03	0.000293	0.94	381.19	52.95	0.11
BA	25510.07	260	14.21	20.63	20.75	0.001468	1.81	205.01	34.19	0.24
BA	24987.13	260	11.93	20.48	20.55	0.000826	1.2	245.3	29.22	0.13
BA	24381.15	260	11.84	20.36	20.42	0.000636	1.09	271.09	32.03	0.12
BA	22038.99	260	11.1	20.11	20.14	0.000238	0.92	398.91	49.01	0.1
BA	18648.79	260	12.72	19.85	19.88	0.000251	0.82	433.65	64.48	0.1
BA	17757.68	260	10.29	19.75	19.8	0.000366	1.25	318.07	34.53	0.13
BA	16496.04	260	12.19	19.27	19.48	0.002927	1.8	151.59	21.41	0.22
BA	14247.63	260	13.18	17.91	18.01	0.001549	1.61	223.08	48.33	0.24
BA	12789.76	260	11.95	17.59	17.63	0.000518	0.96	332.05	58.34	0.14
BA	10641.71	260	10.7	17.23	17.28	0.000539	1.2	310.93	50.64	0.15
BA	8383.456	260	7.99	17.01	17.04	0.00022	0.91	410.83	50.38	0.1
BA	6609.535	260	10.81	16.58	16.72	0.001872	1.94	183.53	32.82	0.27
BA	5180.641	260	7.18	16.47	16.49	0.000214	0.92	419.06	48.91	0.1
BA	3616.872	260	9.17	16.16	16.28	0.001273	1.83	205.77	30.53	0.23
BA	2623.655	260	6.62	16.09	16.12	0.000226	0.93	411.24	51.37	0.1
BA	700.579	260	9.25	15.85	15.91	0.000618	1.28	288.93	46.52	0.16
BA	190.2835	260	12.41	15.09	15.59	0.017026	3.09	101.04	45.55	0.69

Apêndice 8.2. Parâmetros calculados no HEC-RAS durante a simulação para um caudal de 650 m /s.[3]

Reach	River Sta	Q Total	Min Ch El	W.S. Elev	E.G. Elev	E.G. Slope	Vel Chnl	Flow Area	Top Width	Froude # Chl
		(m3/s)	(m)	(m)	(m)	(m/m)	(m/s)	(m2)	(m)	
BA	83848.21	650	19.81	32.15	32.23	0.000337	1.41	549.64	50.27	0.13
BA	82974.85	650	21.01	32.07	32.13	0.000362	1.34	571.44	67.45	0.13
BA	82439.9	650	19.86	32.01	32.07	0.000322	1.4	572.67	47.88	0.13
BA	81234.16	650	19.86	31.84	31.92	0.000429	1.6	496.73	42.55	0.15
BA	80343.55	650	17.57	31.76	31.82	0.000266	1.37	600.37	47.51	0.12
BA	80182.37	650	18.42	31.76	31.8	0.00022	1.19	666.58	55.25	0.11
BA	78705.05	650	19.71	31.61	31.68	0.000372	1.47	546.42	47.47	0.14
BA	78479.98	650	19.36	31.55	31.65	0.000432	1.62	491.38	41.51	0.15

BA	77914.52	650	19.43	31.52	31.57	0.000299	1.3	597.14	50.82	0.12
BA	77400.86	650	16.76	31.36	31.5	0.000616	2.04	414.24	32.23	0.18
BA	77180.63	650	12.73	31.4	31.45	0.000183	1.28	642.67	38.45	0.1
BA	76655.31	650	18.31	31.34	31.41	0.000354	1.54	546.4	43.72	0.14
BA	75371.32	650	17.02	31.25	31.3	0.00021	1.24	674.48	53.53	0.11
BA	75059.63	650	19.81	31.18	31.26	0.000601	1.27	465.6	40.63	0.12
BA	74031.25	650	16.76	31.17	31.19	0.000088	0.81	959.88	74.71	0.07
BA	72786.73	650	18.57	31.01	31.11	0.000513	1.73	469.17	38.56	0.16
BA	72298.93	650	18.31	31.02	31.05	0.000155	1	772.29	60.81	0.09
BA	71563.65	650	18.28	30.99	31.02	0.000148	0.98	803.11	63.55	0.09
BA	71163.23	650	18.05	30.98	31	0.000121	0.87	861.11	71.68	0.08
BA	70592.32	650	16.76	30.88	30.96	0.000352	1.58	526.38	41.2	0.14
BA	70153.8	650	16.69	30.83	30.92	0.000349	1.58	524.42	40.1	0.14
BA	69869.56	650	16.6	30.83	30.88	0.000223	1.3	624.51	44.86	0.11
BA	68850.88	650	16.44	30.7	30.78	0.00042	1.7	501.75	36.98	0.15
BA	68097.29	650	16.99	30.62	30.7	0.000316	1.49	551.01	40.8	0.13
BA	67237.16	650	15.42	30.5	30.61	0.000352	1.67	482.3	33.17	0.14
BA	67071.61	650	16.76	30.42	30.58	0.000615	2.03	373.6	28.83	0.18
BA	66712.72	650	17.31	30.24	30.48	0.001245	2.83	319.51	25.6	0.25
BA	66502.64	650	15.73	30.31	30.39	0.000369	1.68	517.1	36.16	0.14
BA	66349.34	650	15.24	30.32	30.37	0.000226	1.33	630.35	45.17	0.11
BA	65891.16	650	16.18	30.29	30.34	0.000212	1.23	667.37	47.31	0.11
BA	65613.67	650	14.17	30.2	30.31	0.000418	1.87	474.99	31.88	0.15
BA	65454.99	650	17.1	30.18	30.29	0.000528	1.86	454.29	35.92	0.17
BA	65122.69	650	16.76	30.06	30.21	0.001189	1.49	350.48	27.77	0.13
BA	64758.91	650	16.76	29.84	30.05	0.001851	2.13	296.26	23.55	0.19
BA	63858	650	16.76	29.46	29.62	0.001361	1.82	339.79	28.65	0.17
BA	63293.18	650	15.24	29.48	29.52	0.000155	1.07	763.96	57.44	0.09
BA	62726.79	650	15.37	29.43	29.49	0.000232	1.3	625.42	46.74	0.11
BA	61091.66	650	15.24	29.33	29.38	0.000194	1.19	684.26	54.69	0.1
BA	60491.35	650	15.98	29.32	29.35	0.000113	0.87	880.73	67.8	0.08
BA	59729.88	650	15.24	29.23	29.3	0.000341	1.56	544.05	43.39	0.13
BA	59310.32	650	16.77	29.01	29.22	0.000938	2.31	323.85	29.02	0.22
BA	58816.8	650	16.33	29.05	29.1	0.000284	1.33	610.2	49.67	0.12
BA	58482.47	650	16.7	28.97	29.06	0.00045	1.66	487.53	40.09	0.15
BA	57985.86	650	16.62	28.95	29	0.000261	1.27	633.46	54.68	0.12
BA	56758.19	650	13.83	28.89	28.92	0.000139	1.05	766.98	55.47	0.09
BA	54951.46	650	15.66	28.77	28.82	0.000257	1.31	630.38	50.75	0.12
BA	53987.75	650	14.32	28.54	28.69	0.000735	2.35	393.03	28.48	0.2
BA	53252.57	650	16.76	28.17	28.42	0.002316	2.08	274.05	26.55	0.2
BA	52870.24	650	14.73	28.28	28.31	0.000144	0.94	885.7	91.57	0.08
BA	52275.16	650	15.65	28.2	28.26	0.000354	1.49	562.8	47.18	0.13
BA	51019	650	17.24	28.06	28.12	0.000446	1.38	553.46	58.4	0.14
BA	50191.88	650	15.24	27.73	27.91	0.001524	1.76	321.6	25.75	0.16
BA	49724.13	650	13.92	27.81	27.83	0.000092	0.81	978.03	75.32	0.07
BA	47526.98	650	14.73	27.7	27.74	0.000192	1.12	716.78	56.61	0.1
BA	46916.46	650	18.08	27.61	27.68	0.000515	1.51	500.09	51.04	0.16
BA	46287.4	650	14.44	27.6	27.63	0.000107	0.83	921.97	71.49	0.07
BA	44984.53	650	14.07	27.54	27.58	0.000159	1.04	772.37	61.01	0.09
BA	43722.66	650	14.18	27.45	27.5	0.000239	1.27	647.72	49.79	0.11
BA	43180.79	650	14.81	27.39	27.45	0.000325	1.44	569.17	45.51	0.13
BA	42561.23	650	13.72	27.09	27.32	0.001884	2.23	290.64	24.07	0.2
BA	41790.33	650	13.54	26.9	27.01	0.000725	1.92	424.19	34.12	0.18
BA	41011	650	13.83	26.89	26.92	0.000154	1.01	791.84	63.65	0.09
BA	39834.5	650	14	26.8	26.85	0.000251	1.28	642.04	51.52	0.11
BA	38438.09	650	13.72	26.58	26.68	0.000698	1.26	433.22	33.67	0.11
BA	37849.79	650	13.85	26.2	26.5	0.001337	2.85	289.94	24.41	0.26
BA	37376.59	650	16.11	26.29	26.34	0.000306	1.19	624.84	56.93	0.12

Reach	River Sta	Q Total	Min Ch El	W.S. Elev	E.G. Elev	E.G. Slope	Vel Chnl	Flow Area	Top Width	Froude # Chl
BA	36473.56	650	13.18	26.05	26.18	0.001066	1.53	367.44	28.62	0.14
BA	35723.82	650	13.72	26.01	26.05	0.000268	1.23	656.56	59.76	0.11
BA	35299.99	650	14.27	25.89	25.99	0.000651	1.89	447.63	39.43	0.18
BA	33843.18	650	13.72	25.4	25.56	0.001327	1.69	340.12	29.1	0.16
BA	33084.58	650	12.19	25.34	25.4	0.000298	1.41	578.39	45.97	0.13
BA	32027	650	13.69	25.24	25.3	0.000344	0.75	568.13	46.03	0.07
BA	30751.24	650	13.72	25.09	25.15	0.00039	0.91	557.44	48.88	0.09
BA	29591.09	650	14.92	24.96	25.02	0.00036	1.3	579.79	54.93	0.13
BA	28928.12	650	12.23	24.91	24.96	0.000234	1.23	645.47	51.04	0.11
BA	27743.95	650	14.83	24.73	24.83	0.00066	1.7	448.92	43.61	0.18
BA	27053.15	650	13.34	24.66	24.72	0.000339	1.33	575.25	52.95	0.13
BA	25510.07	650	14.21	24.22	24.42	0.001381	2.43	327.51	34.19	0.25
BA	24987.13	650	11.93	24.03	24.18	0.001231	1.65	348.99	29.22	0.15
BA	24381.15	650	11.84	23.85	23.97	0.00096	1.53	382.9	32.03	0.14
BA	22038.99	650	11.1	23.5	23.57	0.000338	1.39	565.15	49.01	0.13
BA	18648.79	650	12.72	23.18	23.23	0.000291	1.16	648.18	64.48	0.12
BA	17757.68	650	10.29	22.99	23.12	0.00059	1.95	430.15	34.53	0.18
BA	16496.04	650	12.19	22.19	22.59	0.004494	2.46	213.92	21.41	0.25
BA	14247.63	650	13.18	20.8	20.94	0.001366	2.09	362.52	48.33	0.24
BA	12789.76	650	11.95	20.47	20.55	0.000597	1.4	500.28	58.34	0.16
BA	10641.71	650	10.7	20.02	20.12	0.000686	1.71	452.34	50.64	0.18
BA	8383.456	650	7.99	19.69	19.76	0.000375	1.42	545.74	50.38	0.14
BA	6609.535	650	10.81	18.95	19.25	0.002519	2.88	261.42	32.82	0.33
BA	5180.641	650	7.18	18.77	18.83	0.000423	1.51	531.5	48.91	0.14
BA	3616.872	650	9.17	18.12	18.41	0.002361	2.97	265.68	30.53	0.33
BA	2623.655	650	6.62	18	18.08	0.000474	1.53	509.47	51.37	0.15
BA	700.579	650	9.25	17.51	17.65	0.001202	2.08	365.92	46.52	0.23
BA	190.2835	650	12.41	16.37	17.13	0.017002	4.27	159.38	45.55	0.75

Apêndice 8.3. Parâmetros calculados no HEC-RAS durante a simulação para um caudal de 780 m /s.[3]

Reach	River Sta	Q Total	Min Ch El	W.S. Elev	E.G. Elev	E.G. Slope	Vel Chnl	Flow Area	Top Width	Froude # Chl
		(m3/s)	(m)	(m)	(m)	(m/m)	(m/s)	(m2)	(m)	
BA	83848.21	780	19.81	34.15	34.23	0.000319	1.52	650.12	50.27	0.13
BA	82974.85	780	21.01	34.08	34.15	0.000301	1.37	707.41	67.45	0.12
BA	82439.9	780	19.86	34.02	34.1	0.000318	1.54	669	47.88	0.13
BA	81234.16	780	19.86	33.85	33.95	0.000417	1.75	582.25	42.55	0.15
BA	80343.55	780	17.57	33.77	33.85	0.00027	1.51	696.01	47.51	0.12
BA	80182.37	780	18.42	33.77	33.83	0.000216	1.3	777.93	55.25	0.11
BA	78705.05	780	19.71	33.62	33.7	0.00036	1.61	642.08	47.47	0.14
BA	78479.98	780	19.36	33.56	33.67	0.000422	1.78	574.79	41.51	0.15
BA	77914.52	780	19.43	33.53	33.6	0.000293	1.43	699.61	50.82	0.12
BA	77400.86	780	16.76	33.35	33.52	0.00063	2.27	478.46	32.23	0.18
BA	77180.63	780	12.73	33.4	33.47	0.000207	1.47	719.61	38.45	0.11
BA	76655.31	780	18.31	33.34	33.43	0.00036	1.71	633.88	43.72	0.14
BA	75371.32	780	17.02	33.25	33.31	0.000212	1.36	781.67	53.53	0.11
BA	75059.63	780	19.81	33.18	33.28	0.000595	1.34	546.84	40.63	0.12
BA	74031.25	780	16.76	33.17	33.2	0.000088	0.89	1109.61	74.71	0.07
BA	72786.73	780	18.57	33	33.12	0.000509	1.92	545.76	38.56	0.16
BA	72298.93	780	18.31	33.02	33.06	0.000156	1.11	893.67	60.81	0.09
BA	71563.65	780	18.28	32.99	33.02	0.000149	1.08	929.97	63.55	0.09
BA	71163.23	780	18.05	32.97	33	0.00012	0.96	1004.29	71.68	0.08
BA	70592.32	780	16.76	32.86	32.96	0.00036	1.75	608.1	41.2	0.14
BA	70153.8	780	16.69	32.81	32.92	0.000359	1.75	603.84	40.1	0.14
BA	69869.56	780	16.6	32.81	32.88	0.000234	1.45	713.46	44.86	0.11

BA	68850.88	780	16.44	32.67	32.78	0.000442	1.91	574.6	36.98	0.16
BA	68097.29	780	16.99	32.59	32.69	0.000329	1.67	631.35	40.8	0.14
BA	67237.16	780	15.42	32.45	32.59	0.000374	1.87	547.08	33.17	0.15
BA	67071.61	780	16.76	32.36	32.56	0.000624	2.24	429.65	28.83	0.18
BA	66712.72	780	17.31	32.16	32.46	0.001281	3.15	368.66	25.6	0.26
BA	66502.64	780	15.73	32.25	32.36	0.000398	1.9	587.26	36.16	0.15
BA	66349.34	780	15.24	32.26	32.33	0.000241	1.49	718.24	45.17	0.12
BA	65891.16	780	16.18	32.24	32.29	0.000227	1.39	759.41	47.31	0.11
BA	65613.67	780	14.17	32.12	32.26	0.00046	2.12	536.25	31.88	0.16
BA	65454.99	780	17.1	32.1	32.24	0.000546	2.08	523.42	35.92	0.17
BA	65122.69	780	16.76	31.97	32.15	0.001265	1.59	403.71	27.77	0.13
BA	64758.91	780	16.76	31.73	31.98	0.002004	2.3	340.9	23.55	0.19
BA	63858	780	16.76	31.34	31.52	0.001426	1.96	393.58	28.65	0.17
BA	63293.18	780	15.24	31.37	31.41	0.000163	1.19	872.33	57.44	0.1
BA	62726.79	780	15.37	31.31	31.38	0.000245	1.46	713.27	46.74	0.12
BA	61091.66	780	15.24	31.21	31.27	0.0002	1.31	786.95	54.69	0.11
BA	60491.35	780	15.98	31.2	31.23	0.000118	0.97	1008.12	67.8	0.08
BA	59729.88	780	15.24	31.09	31.18	0.000356	1.73	625	43.39	0.14
BA	59310.32	780	16.77	30.85	31.1	0.000916	2.52	377.27	29.02	0.22
BA	58816.8	780	16.33	30.91	30.97	0.000294	1.49	702.52	49.67	0.13
BA	58482.47	780	16.7	30.81	30.93	0.000461	1.84	561.57	40.09	0.16
BA	57985.86	780	16.62	30.8	30.86	0.000263	1.4	734.85	54.68	0.12
BA	56758.19	780	13.83	30.74	30.78	0.000149	1.18	869.67	55.47	0.09
BA	54951.46	780	15.66	30.61	30.67	0.000267	1.46	723.91	50.75	0.12
BA	53987.75	780	14.32	30.35	30.54	0.00081	2.67	444.4	28.48	0.21
BA	53252.57	780	16.76	29.96	30.24	0.002334	2.18	321.63	26.55	0.19
BA	52870.24	780	14.73	30.1	30.13	0.000134	1	1052.12	91.57	0.08
BA	52275.16	780	15.65	30.01	30.08	0.000368	1.66	648.12	47.18	0.14
BA	51019	780	17.24	29.87	29.94	0.000413	1.49	659.44	58.4	0.14
BA	50191.88	780	15.24	29.52	29.73	0.001666	1.91	367.6	25.75	0.16
BA	49724.13	780	13.92	29.61	29.64	0.000097	0.91	1114.08	75.32	0.07
BA	47526.98	780	14.73	29.5	29.55	0.000203	1.25	818.52	56.61	0.11
BA	46916.46	780	18.08	29.4	29.49	0.000487	1.64	591.65	51.04	0.16
BA	46287.4	780	14.44	29.4	29.43	0.000113	0.94	1050.46	71.49	0.08
BA	44984.53	780	14.07	29.33	29.37	0.000168	1.16	881.7	61.01	0.1
BA	43722.66	780	14.18	29.23	29.29	0.000256	1.43	736.48	49.79	0.12
BA	43180.79	780	14.81	29.16	29.24	0.000343	1.61	649.97	45.51	0.14
BA	42561.23	780	13.72	28.83	29.09	0.002067	2.44	332.42	24.07	0.2
BA	41790.33	780	13.54	28.62	28.76	0.00078	2.18	483.05	34.12	0.19
BA	41011	780	13.83	28.62	28.66	0.000162	1.13	902.27	63.65	0.09
BA	39834.5	780	14	28.53	28.59	0.000267	1.44	730.96	51.52	0.12
BA	38438.09	780	13.72	28.28	28.41	0.000774	1.37	490.49	33.67	0.11
BA	37849.79	780	13.85	27.82	28.2	0.001414	3.19	329.66	24.41	0.27
BA	37376.59	780	16.11	27.96	28.02	0.000312	1.33	719.99	56.93	0.13
BA	36473.56	780	13.18	27.68	27.85	0.001204	1.68	414.35	28.62	0.14
BA	35723.82	780	13.72	27.65	27.71	0.000275	1.36	755.06	59.76	0.12
BA	35299.99	780	14.27	27.52	27.65	0.000686	2.12	511.94	39.43	0.19
BA	33843.18	780	13.72	26.99	27.18	0.001464	1.85	386.33	29.1	0.16
BA	33084.58	780	12.19	26.92	27	0.000329	1.6	651.3	45.97	0.13
BA	32027	780	13.69	26.82	26.89	0.000378	0.81	640.75	46.03	0.07
BA	30751.24	780	13.72	26.66	26.73	0.000417	0.97	634.01	48.88	0.09
BA	29591.09	780	14.92	26.53	26.6	0.000371	1.45	665.52	54.93	0.14
BA	28928.12	780	12.23	26.47	26.53	0.000259	1.4	724.89	51.04	0.12
BA	27743.95	780	14.83	26.27	26.38	0.000683	1.92	515.99	43.61	0.18
BA	27053.15	780	13.34	26.2	26.27	0.000357	1.49	656.7	52.95	0.14
BA	25510.07	780	14.21	25.71	25.96	0.001386	2.69	378.71	34.19	0.26
BA	24987.13	780	11.93	25.51	25.7	0.001397	1.82	392.39	29.22	0.16
BA	24381.15	780	11.84	25.31	25.47	0.001092	1.69	429.73	32.03	0.15

BA	22038.99	780	11.1	24.93	25.01	0.000375	1.58	635.04	49.01	0.14
BA	18648.79	780	12.72	24.58	24.64	0.000306	1.3	738.71	64.48	0.12
BA	17757.68	780	10.29	24.36	24.52	0.000677	2.23	477.26	34.53	0.19
BA	16496.04	780	12.19	23.41	23.92	0.005135	2.71	240.12	21.41	0.26
BA	14247.63	780	13.18	22.01	22.18	0.001348	2.29	421.27	48.33	0.25
BA	12789.76	780	11.95	21.68	21.78	0.000625	1.58	571.06	58.34	0.17
BA	10641.71	780	10.7	21.2	21.32	0.000738	1.93	512.03	50.64	0.19
BA	8383.456	780	7.99	20.83	20.91	0.000435	1.64	603.01	50.38	0.15
BA	6609.535	780	10.81	19.96	20.33	0.002735	3.26	294.58	32.82	0.35
BA	5180.641	780	7.18	19.75	19.84	0.000513	1.76	579.78	48.91	0.16
BA	3616.872	780	9.17	18.95	19.33	0.002814	3.45	290.98	30.53	0.36
BA	2623.655	780	6.62	18.82	18.92	0.000585	1.79	551.3	51.37	0.17
BA	700.579	780	9.25	18.21	18.4	0.001453	2.42	398.37	46.52	0.26
BA	190.2835	780	12.41	16.92	17.8	0.017015	4.72	184.09	45.55	0.77

yes
I want morebooks!

Buy your books fast and straightforward online - at one of world's fastest growing online book stores! Environmentally sound due to Print-on-Demand technologies.

Buy your books online at
www.morebooks.shop

Compre os seus livros mais rápido e diretamente na internet, em uma das livrarias on-line com o maior crescimento no mundo! Produção que protege o meio ambiente através das tecnologias de impressão sob demanda.

Compre os seus livros on-line em
www.morebooks.shop

Printed by Books on Demand GmbH, Norderstedt / Germany